Brain Power

Optimize Your Mental Skills and Pe
Improve Your Memory, and Sharpen

全脑提升

运用思维导图
释放非凡心智潜能

Tony Buzan
[英] 东尼·博赞 著

王晋 译

中信出版集团|北京

图书在版编目（CIP）数据

全脑提升：运用思维导图释放非凡心智潜能 /（英）东尼·博赞著；王晋译 . -- 北京：中信出版社，2024.4

书名原文：Brain Power:Optimize Your Mental Skills and Performance,Improve Your Memory,and Sharpen Your Mind

ISBN 978-7-5217-6356-0

Ⅰ.①全… Ⅱ.①东…②王… Ⅲ.①思维方法 Ⅳ.① B804

中国国家版本馆 CIP 数据核字（2024）第 046237 号

Brain Power © 1991, 2022 JMW Group, Inc.
Rights licensed by jmwgroup@jmwgroup.net
All rights reserved.
Simplified Chinese translation copyright ©2024 by CITIC Press Corporation
ALL RIGHTS RESERVED
本书仅限中国大陆地区发行销售

全脑提升——运用思维导图释放非凡心智潜能
著者：　　　[英] 东尼·博赞
译者：　　　王　晋
出版发行：中信出版集团股份有限公司
（北京市朝阳区东三环北路 27 号嘉铭中心　邮编　100020）
承印者：　北京通州皇家印刷厂

开本：880mm×1230mm 1/32　　印张：7.5　　字数：146 千字
版次：2024 年 4 月第 1 版　　　　印次：2024 年 4 月第 1 次印刷
京权图字：01-2024-0824　　　　　书号：ISBN 978-7-5217-6356-0
　　　　　　　　　　　　　　　　 定价：59.00 元

版权所有·侵权必究
如有印刷、装订问题，本公司负责调换。
服务热线：400-600-8099
投稿邮箱：author@citicpub.com

目录

序言   I

前言   III

第一章   快速了解大脑   1

第二章   让数学技能上一个台阶   11

第三章   理性思考，发现逻辑谬误   33

第四章   呵护和滋养你的大脑   53

第五章   认识你自己：自我探索   95

第六章   管理好自己的生活   111

第七章   学会如何学习   139

第八章   倾听、记笔记、快速阅读   167

第九章   用思维导图助推思考   195

序言

欢迎阅读《全脑提升》一书。

首先，恭喜你即将踏上一段学习之旅！你将学习一些振奋人心的新技巧，它们会帮你改善记忆力，提高思维的清晰度和创造力，培养解决问题和深入分析的能力，提升阅读和学习的速度和效率，攀上事业和个人成功的高峰！

在此过程中，东尼·博赞将指引你一路前行。在学习、记忆力和优化脑力方面，东尼·博赞可谓全球最负盛名的权威专家之一。他极具魅力，一生中做过无数次讲座，开办了不计其数的研讨会，还为世界500强企业培训了数千名员工。

《全脑提升》一书的独到之处在于，它不仅包含丰富的知识和指导，还通过练习帮助那些有意愿和毅力的人提高记忆力和思维敏锐度。首先，这本书将引入相关主题，加深读者对重要概念的理解，比如左脑和右脑在功能上有何差异，为什么大脑对有些信息的记忆比其他信息更牢固，什么是思维导图以及如何使用思维导图。接下来，这本书将提供一系列练习来加强你对这些重要概念的理解，帮助你掌握每一种提升脑力的技巧。

要知道，大脑所能完成的复杂任务远远超出你的想象。《全脑提升》一书将帮你释放非凡的心智潜能。

前言

快醒一醒,学习之旅即将开启。你将学习如何运用大脑实现对事业和个人生活的完全掌控。用不了太久,你的双眼将能看到之前从未发现的事物,双耳将能捕捉到他人忽略的关键信息。你将记住那些能让你成为行业顶尖人物的事实和数据,大大提升推理、想象、创造和逻辑应用的能力。此外,你将具备处理和管理信息的才能,在这个时代,那些在工作和生活中取得成功的人正是在这方面做到了极致。

欢迎阅读《全脑提升》一书。本书将介绍一个全面的脑力提升计划,让你有机会从大脑健康和功能研究的惊人成果中获益,这些研究正帮助世界各地的人充分挖掘他们的潜在脑力。书中的信息和指导不仅会改变你对自己和周围世界的看法,还会改变他人对你的看法。你的同事将看到一个他们从未见过的你,你也会因此得到你从未想过的机遇。

如何达到这样的结果呢?你的大脑会运用什么样的魔力来实现这种神奇的转变呢?你会变成什么样的人?掌握了这些大脑优化技巧后,你的生活会变成什么样子?接下来,让我们一起看看你可以有哪些期待。

我有幸帮助过成千上万的人显著提高他们的脑力(请注意,其提升确实是显著的)。近几十年来,我们对大脑及其功能的了解取得了长足的进步。现在,我们可以让人们从当下的沉睡状态中醒来（请注意，"醒来"一词并非夸张）。当你掌握了我所介绍的技巧后，无论你认为自己现在的心智表现有多么高效，你都会觉得自己仿佛一直都在沉睡，直到此刻才被唤醒。只需投入适当的时间和精力，你就会得到一份让你终身受益的礼物：一种全新的自我意识和自信，一种借由自我思考走向巅峰的能力。

这听起来是不是令人难以置信？我的豪言壮语有没有引起你的好奇，让你迫切地想了解我在书里可能会讲到哪些你还没有尝试过的事？在继续往下读之前，你先听听《不列颠百科全书》的编辑莫提默·艾德勒对我的评价。他认为我"熟知广泛的专业知识，了解大脑潜能及其潜在心理过程的最新研究进展"。他还说，我在这些知识的基础上出版了很多著作，向大家介绍提高记忆力和敏锐的倾听能力的方法，以及阅读和记笔记的技巧，并提供了很多巧妙而实用的建议。艾德勒进而表示，我在逻辑和分析方面的成果，为任何希望充分发挥大脑功能的人提供了极为有用的指导。你在学习和实践书中所讲的技巧时，请记住以上提示。

世界上众多规模庞大、取得巨大成功的公司都在其管理和培训中使用过我的方法，包括国际商业机器公司、巴克莱集团、通用汽车公司、壳牌石油公司、杜邦公司、强生公司、英国帝国化学工业集团、兰克施乐公司、英国石油公司、福陆丹尼尔公司和美国数字设备公司等。事实上，这些公司曾花费数万甚至数十万美元请我为其员工讲授信息管理方法。通过本书，你只需花费极低的成本就能获得同样的知识，帮助自己走向成功。只要给我几个小时，我就能通过脑力改变你管理信息和生活的方式。

让我们来看看下面这些数据：企业高管平均花一千到几万个小时正规学习经济学、历史、语言、文学、数学、政治学等科目，但是，他们通常只花零到十个小时正式学习如何吸收、处理和记住信息，了解思维模式将如何影响他们应对变化的能力。你在阅读本书的过程中所掌握的技能，不仅可以帮你了解如何充分运用大脑提高心智素养，还可以让你运用这些知识为自己和公司赚取更多的财富。你将提高阅读、写作、倾听和沟通技能，建立更好的职业和人际关系，大大提高进行头脑风暴、解决问题和做出决策的能力。我所讲授的方法将把你的大脑开发和表现提升到一个全新的水平。

本书的章节编排只有一个目的，那就是最大限度地提高效率和效能。每章的第一部分将提供丰富的信息，带你了解某个主题或概念的最新进展。第二部分将引导你进行一系列练习，让你学以致用。通过这些练习，你可以巩固在阅读本书时学到的知识，同时运用所讲的技巧训练你的大脑以优化记忆和认知。在练习过程中，你的神经元将得到强化，同时产生新的神经网络——神经元连接而成的网络。

打破 10% 迷思

一个普遍的迷思是，大多数人仅使用了 10%（或其他较低的百分比）的大脑。有人说这一误解的起源可以追溯到物理学家阿尔伯特·爱因斯坦，还有人说它源自哲学家威廉·詹姆斯。詹姆斯曾经写道："我们只使用了精神和身体的一小部分资源。"也许这句话指的是，我们只用了大脑的一小部分来探索知识。

事实上，大脑的任何部分都不会处于休眠状态，而是坐等被派上用场的时刻。从协调心跳、呼吸和消化等生理活动，到处理感官输入和指挥身体活动，整个大脑一刻不停地执行着各种任务。请放心，每个人的大脑都在全力工作，它的学习能力几乎可以说是无限的。

增强脑力就是要提高大脑的效率和效能。即使脑力只提升一点点，也会让你的表现大幅提升，所以你没有必要一开始就设定很高的目标。把增强脑力视为一个循序渐进的过程。如果你在第一章结束时没有看到显著的进步，请不要担心。一步一步来，分块处理每章的信息。通读一遍本书，完成练习，然后重复这一过程以巩固所学技能。我们这项脑力提升计划将会产生累积效应。你学到的每项技能都建立在前一项技能的基础之上，而当你掌握了所有技能后，你会发现余生的每一天都在进步。

挑战自我极限

你现在可能会想，"可我就是不擅长一些事情，比如数学"。

要知道，每个人——我说的是每一个人——都可以提高自己的心智能力，使其远远超过现有水平。认识到这一点很重要。诚然，遗传在智力形成的过程中会起到一定的作用，但我们在如何看待自己的智力上往往有更大的局限性。如果你给自己设限，你就无法发挥出自己的最大潜能。你可能上小学二年级时就被老师说数学没希望了，从那时起，你再也没能发挥出自己的潜能。你认为自己是什么样的人，就会成为什么样的人。在大多数情况下，限制是你强加给自己的，这是失败主义思维的产物。不管哪一种自我提高的方法，第一步都是要承认提高是可能实现的。此外，研究表明，一旦你在数学或其他方面的表现开始提高，你在其他方面的智力表现就会随之提高。

在接受教育的过程中，可能还有人对你说过，你的右脑（艺术、创造力）比左脑（逻辑、数学）更发达，或者左脑比右脑更发达。事实也许如此。我们确实有两个大脑——右脑和左脑，它们的运作方式是不同的。右脑负责处理节奏、图像、想象、色彩、空间关系和白日梦，左脑负责文字、逻辑、数字、序列、线性的处理和分析能力。但是，我们绝对没有理由自认为一侧大脑一定比另一侧更发达。我们每个人的左右脑都十分健全。我们每个人都有能力同时拥有发达的右脑和左脑。

历史上有一位天才，他可以说是大脑全面均衡发展的最佳例证。他在各种知识性和创造性学科中的表现都很出色，包括艺术、雕塑、生理学、创新学科、气象学、地质学、工程学、航空、建筑学、力学、解剖学、物理学和基础科学。猜一猜,这位天才是谁呢?

如果你的答案是列奥纳多·达·芬奇,那么恭喜你,答对了。

当然,许多伟大的科学家和艺术家的大脑似乎很不均衡。爱因斯坦和其他一些科学家的左脑似乎尤为发达,而艺术家塞尚和毕加索则以右脑为主。爱因斯坦上学时法语不及格,而且爱好广泛,包括拉小提琴、航海、读书、创作艺术和做白日梦,这无疑对他的大脑提出了挑战。

你的大脑不应该一边倒。你可以同时开发两侧大脑,本书鼓励你充分调动左脑和右脑的功能,使其达到最佳状态,同时也会给予相应的指导。毕竟,平衡的大脑才能发挥出最佳功能。例如,最杰出的数学家并非只是毫不费力地用左脑解题,而是同时使用右脑来想象问题并创造性地解决问题。

智商并非衡量智力的唯一标准

智商(IQ)测试的结果常常被用来衡量一个人的原始智力。例如,人们经常用智商来比较美国总统和其他国家的领导人。许多人被智商测试的分数误导,认为自己智力平平,没有能力应对某些智力挑战。

然而,研究表明,智商测试并不能完全可靠地衡量一个人的智力水平。它测量的是人类在某一阶段未经训练和未被开发的智力表现。例如，美国伯克利一项关于创造力的研究表明，被测出具有高智商的人并不一定是一个独立的思考者或实干家，也不一定具有幽默感，甚至不一定重视幽默……他们不一定会欣赏美、独创性或新颖性。因此，高智商的人可能并不博学、灵活或机敏，他们的表达可能也并不流利。智商测试衡量的是大脑的自然维度和我们的学习、理解能力，但我们每个人的学习能力几乎都是无限的。对大脑而言，优秀与平庸之间的区别在于如何使用它并为其赋予挑战性。正如我们在挑战身体的耐力和力量时，身体会变得更加强壮，如果我们的大脑不断接受挑战，它也会变得更加强大。

开发智商测试是为了歧视某些群体吗？

许多人认为，开发智商测试是为了歧视弱势学生。事实恰恰相反。法国著名心理学家阿尔弗雷德·比奈认为，只有上层社会的孩子才有机会接受高等教育，这是不公平的。为此，他率先设计了智商测试，让任何有发展能力的孩子都能继续学业。换句话说，智商测试给予了被剥夺机会的孩子改变命运的入场券。它是摆脱歧视的一种方式，为那些原本没有机会超越其所处社会阶层的孩子提供了做梦也想不到的机会。

我的灵感来源

很多人问我,我为什么会对大脑研究感兴趣,为什么会研究人们的智力与其在学业、事业、商业和生活中的表现的关系。我的灵感来自童年的一次经历。

小时候,我和我最好的朋友很喜欢户外活动。附近的田野、树林和溪流总会给我们带来新奇而美妙的体验。我们热爱大自然,尽情释放孩童无限的激情。七岁时,学校占据了我们生活的大部分时间,但我们仍竭尽所能地找机会待在户外,尤其是在放学后。

然而,在学校参加第一次考试后,我们的生活发生了翻天覆地的变化。老师出了一些这样的题目:"请描述蝴蝶和飞蛾的区别","请说出你能在本地溪流中找到的三种鱼"。我的朋友几乎可以根据自己对物种飞行模式的观察说出蝴蝶或飞蛾等任何昆虫和鸟类的名字,但他在考试中得了零分。我根本没有他那般出色的识别能力,却得了满分。

从几次考试的结果来看,老师认为我很聪明,在班级中名列前茅。而我的朋友却被划为不聪明的孩子之列,被排在班级的末尾。从某种程度上说,这样的情形令人不寒而栗,因为我们都知道实际情况正好相反,可学校对此并不知情。尽管我依凭直觉对此有所觉察,但直到多年以后,我才明白到底是怎么回事。原因就在于我的朋友来自一个非常贫穷的家庭,他既不识字,也不会算数。

唯一的问题——如果你想称之为"问题"——是他没有发展出一些由左脑皮质控制的基本能力。正是出于这个原因，他无法应对考试；而我已经开发出了这些能力，所以考试时可以应对自如。虽然在这个科目上他的大脑能比我做出更多的题，但我被视为聪明的学生，而他未被纳入这一行列。他才是真正的天才，只是无法从考试中看出来。

随着研究的深入，我逐渐了解到，许多此类问题是普遍存在的。究其根本原因，人们要么缺乏意识，要么缺乏简单、基本的大脑技能训练。我在同他人的交谈中经常听到同样的问题：我无法集中注意力；我感觉很糟糕；我不快乐，但我不知道为什么；我不知道将来要干什么，也不知道自己想要什么；我害怕失败；我的时间似乎总是不够用；我的人际关系不尽如人意；我压力很大。

我拿自己当小白鼠，很快就发现，我可以运用大脑功能研究的成果，让自己成为自我管理的高手。我变得精力充沛，能够做更多的事情。我的身体健康水平、心智能力和自我组织能力都有所提高。

现在，你可能会认为，通往完美之路需要严明的纪律和规范，这会让人变得死板、缺乏创造力——世界上那些表现卓越的人做事太过有条不紊，以至失去了自发性，认为在繁忙的日程中抽出时间见你都是对你的恩惠。但如果采用正确的做法，情况就会大不一样。我发现，真正让人变得刻板、紧张和消极的，是他们所面对的顽疾，亦即他们苦苦挣扎却无望克服的限制和挫折。一旦掌握了实现精神自由的知识和技巧,并给自己留出一些创造空间,他们就会变得越发独特有趣、越发富有社会意识。当你摆脱了时间和个人管理不善的束缚,你会觉得世界在你面前豁然开朗。

我在本书中总结了我多年来测试、开发和改进脑力提升计划的经验,希望对你有所帮助。我相信,本书将带你过上更丰富、更高效、更幸福的生活。

你掌握了哪些能力?

在我们深入探讨如何提高大脑功能(比如逻辑思维、计算能力、分析能力和想象力)之前,我想让你思考一个问题:你目前已掌握哪些有关大脑功能的知识?阅读下表中的问题,勾选"是"或"否"。这个表格的目的是记录你的答案,以便日后回顾,看看你在完成这项脑力提升计划后会取得多大的进步。

表 0-1 你目前掌握的能力记录表

在受教育的不同阶段,包括小学、中学、大学等,你是否学过以下内容?	是	否
1. 左脑和右脑的区别		
2. 自己大脑的数学、记忆和学习潜能		
3. 记忆力在学习过程中是如何变化的		
4. 学习后记忆力会发生怎样的变化		

续表

5. 如何建构可靠的回忆系统		
6. 如何锻炼倾听能力		
7. 眼动在加快学习过程中所起的作用		
8. 如何显著地提高理解能力		
9. 速记技巧		
10. 文字和图像在大脑中的相互作用		
11. 能够让思想在大脑中形成图像的记笔记的技巧		
12. 如何准备和参加考试		
13. 如何做报告、演讲或展示		
14. 速算方法		
15. 分析论证并发现逻辑推理缺陷的技巧		

就这些问题而言，大多数人只会在少数几个问题上回答"是"，不少人对所有问题给出的答案都是"否"。想一想，你早些年浪费了多少潜能！畅想一下，你在完成整个脑力提升计划后，对这十五个问题的回答几乎都是肯定的，那时你将会成为怎样的一个人！

我们的一切行为和所思所想，都是由大脑产生的。但是，大脑究竟是如何运作的？这个问题仍是当今世界一大未解之谜。我们越是深挖它的秘密，也许就会发现越多的惊喜。

——尼尔·德格拉塞·泰森

第一章
快速了解大脑

大脑位于颅骨内部，是一个十分复杂的器官。大脑的主要作用是处理感官信息及其他输入信息，并控制思维、记忆、情感、触觉、身体运动、视觉、心跳、血压、呼吸、体温、消化和其他所有生理过程。甚至在你正式开始学习数学之前，你的大脑每天都会在瞬间完成几千次甚至数百万次计算，从而控制你的肢体动作。

很少有人意识到，我们的大脑其实是一个超级生物计算机，由大约1 000亿个神经元构成。我们的信息存储、信息处理和思考能力不仅仅依赖于这上千亿个神经元，还取决于它们之间相互连接的情况，也就是我们在接收信息、使用并挑战大脑时形成的神经网络。通信和数据存储网络往往依赖于电子和化学信息传递系统，其传输速度超过光速，这便是我们所说的思维速度。

第一章篇幅不长，我将介绍大脑的基本知识，解释左脑和右脑的区别，并说明如何利用"静息－活动周期"来提高学习效率、减轻学习负担。最后，我将介绍上脑和下脑的概念，并以此结束本章。

"双脑记"

近几十年来，我们发现人类实际上有两个大脑，即左脑和右脑（如图 1-1 所示）。20 世纪 60 年代末和 70 年代初，美国加利福尼亚的实验室开启一项研究，彻底改变了我们对大脑的认识。这项研究为加州理工学院的罗杰·斯佩里赢得了诺贝尔奖，也使罗伯特·奥恩斯坦的脑电波和功能特化研究声名远扬。加州大学洛杉矶分校的埃兰·赛德尔教授延续了这项研究，一直持续到 20 世纪 80 年代。

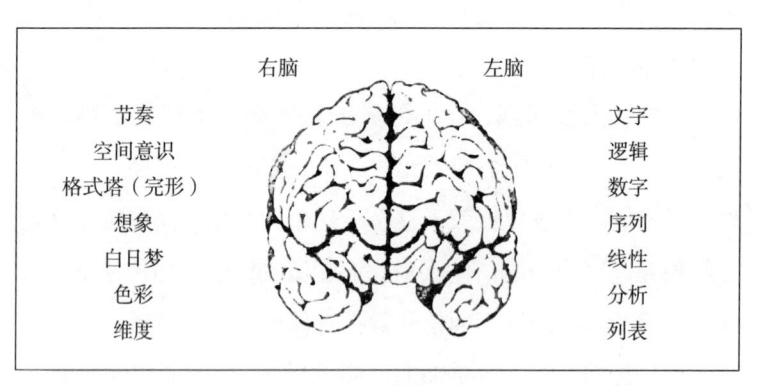

右脑	左脑
节奏	文字
空间意识	逻辑
格式塔（完形）	数字
想象	序列
白日梦	线性
色彩	分析
维度	列表

图 1-1　左右脑正视图及其功能

我们可以总结一下斯佩里和奥恩斯坦的研究成果。他们发现，左侧大脑和右侧大脑，或者说左脑皮质和右脑皮质，是由极其复杂的神经纤维网连接的，我们称为"胼胝体"。胼胝体会主导处理不同类型的心智活动。就大多数人而言，左脑皮质主要负责逻辑、文字、推理、数字、线性、分析等，即所谓的"学术活动"。当左脑皮质从事这些活动时，右脑皮质进入"α波"或者监督状态。与左脑不同的是，右脑皮质主要负责节奏感、图像化、想象力、色彩感知力、并行处理、白日梦、人脸识别、图形识别等。

随后的研究指出，如果人们受到鼓励，在他们曾经认为自己薄弱的心智领域进行锻炼，这不仅不会削弱人们在其他领域的表现，反而会产生一种协同效应，从而改善各个方面的心智表现。

同时锻炼左右脑

在过去数十年的研究中，大量证据表明，人们具备同时运用左脑和右脑的能力。然而，尽管存在这样的证明，许多人对此仍持怀疑的态度。实际上，这是我们每个人都拥有的一种能力。举个例子，请回答我的问题：你能说本书所使用的语言吗？你能理解它们吗？当然可以。这意味着你自动运用了左脑的计算、逻辑、分析和排序能力，同时也运用了右脑的节奏感、想象力和空间意识等能力。

说到空间意识，我们可以回想一下这个问题：当你的想象力喷涌、灵感迸发时，你一般身处哪里？你是否和大多数人一样在开车，在大自然中漫步，或是踏着石头走过池塘？也许你正躺在床上，也许你在淋浴，也许你正对着镜子发呆。当你全身放松、不急不躁、内心宁静且通常是独处的时候，你才会有那些天马行空的想法和令人惊叹的想象。

这又让我们想到了爱因斯坦。爱因斯坦把自己很多最伟大的科学发现归功于他的想象力、想象力游戏和右脑技能，尽管我们通常将它们归功于左脑。一天，夏风和煦，爱因斯坦躺在山坡上做白日梦。他想象自己乘着阳光前往宇宙最遥远的地方，可他发现自己无论走多远都会回到最初所在的太阳表面，这似乎不合逻辑。爱因斯坦突然意识到，宇宙一定是弯曲的，因此也必定是有限的。他发现自己之前的逻辑训练还远远不够。受到这一顿悟的启发，他结合数字、方程、文字和意象，用科学和数学术语对此加以描述，最终提出了相对论。这一全新的理论正是右脑和左脑共同的结晶。

提到伟大的艺术家，你觉得他们是右脑更发达，还是左脑更发达？大多数人会回答"右脑"。然而，许多艺术家都会对色调、色彩组合以及产生视觉平衡的色彩序列做细致的记录。事实上，几乎所有我们认为狂野无羁的艺术家都是如此。波普艺术家安迪·沃霍尔去世后，人们发现他在日记中记录了自己的一切开支，包括每次乘坐出租车的费用，单位精确到分。

所以，如果你说你是一位出色的音乐家，但数学很差，你只是在描述一个你有意锻炼的领域和一个你疏于关注的领域。

事实上，你可以随时转移注意力，把精力集中在更能充分调动另一半大脑的学科上。即使你的左脑或右脑更发达，较少使用的那一半大脑也不会枯萎死亡。研究表明，当人们受到鼓励去锻炼他们以前认为薄弱的心智领域时，相关一侧的大脑会应对挑战。这个挑战非但不会影响其他方面的心智表现，反而会产生协同效应，使所有领域都得到提高。阅读本书并完成书中的练习，不仅可以巩固你的强项，还能显著提升你在之前认为薄弱的领域的能力。

掌握"静息－活动周期"

在全身心投入这个脑力提升计划之前，首先要明白我们需要在休息和活动之间达成平衡，这一点至关重要。我们的文化崇尚"埋头苦干"、"不知疲倦"和"拼命工作"。因此，我们一般会认为，那些大谈生活质量的人或多或少存在懒散或不自律的嫌疑。我们中的许多人不屑于休息，但大脑只能持续工作20~60分钟，之后就会耗尽氧气和生理资源。大脑和身体一样，也需要休息。

如果你有过这样的经历，比如需要听很长时间的课程或演讲，开很长时间的会，甚至是看三小时的电影，你就会知道，你的大脑在活动结束之前已经运转不力，而你不能叫停。一切仍会继续向前，就像骑师在最后冲向终点时鞭打马匹一样。不过，这对大脑而言是行不通的。要想从一段具有挑战性的大脑活动中获得最大回报，对"静息－活动周期"的掌握必不可少。

让大脑休息，相当于给予它恢复、重整的时间，并为下一轮心智活动周期做足准备。让大脑休息并不意味着什么都不做。你可以左右脑互换活动，如此一来，大脑就可以得到休息。举个例子，如果你在一段时间内一直做数学题（左脑活动），那你就换成右脑活动，比如做白日梦。看看爱因斯坦任凭想象力驰骋时有了什么重大发现，你就知道左右脑切换会有怎样的力量。

你也可以选择让左脑和右脑都停下来，人们在睡眠或冥想时往往处于这种状态。当然，这时的大脑仍在运作，继续协调我们的心跳、呼吸和消化，处理当天所有的输入信息，甚至还会解决问题。在这段休息时间里，大脑会进行自我修复和排毒。正如汽车燃烧燃料时会产生废料，大脑也会产生废物，这些废物必须被清除，才能使大脑保持健康并发挥其最佳功能。

让大脑在白天休息一下，并不纯粹是为了身体的休息。脑力活动与休息交替进行的意义在于，你能更有效地集中精力处理当前的事情。从某种程度上说，注意力无法集中是大脑发送的信号，告诉我们它需要休息了。这是大脑的一种自我保护方式，以免损耗过度。在很多情况下，它这样做是为了避免同时受到过多信息的干扰。

我们在无法集中注意力时仍咬牙坚持会怎么样？如果过了60分钟我们仍不休息会怎么样？当然，你可以在短期内忽略大脑的休息要求，结果可能是你无法以最高的效率工作。虽然不按计划休息你仍可以继续前行，但从长远来看，这是不可行的。在极端情况下，你的大脑如果没有得到休息，将越来越容易出现神经衰弱或生理崩溃的情况。

认识上脑和下脑

你可能很熟悉左右脑的概念，那么你知道大脑也分为上脑和下脑吗？上脑通常被称为"意识脑"或"大脑皮质"。当我们让别人"仔细想一想"时，我们指的就是用这部分大脑进行思考。上脑负责的是智力活动。所以，当我们谈论左右脑时，我们实际上说的是左右脑的上脑部分。下脑有时也被称为"潜意识脑"，负责日常功能，比如调节血压、体温、消化和其他"自动"功能。

有一点特别有意思，即上脑可以控制下脑。因此，意念可以控制身体。成千上万记录在案的研究表明，有些人仅仅依凭意念的力量就能从疾病中恢复过来。同样，人们也会因为担忧而生病。例如，患有严重考试焦虑症的学生只要一想到即将到来的考试，就会感到胃部不适、流鼻血或起荨麻疹。有研究表明，在严重到需要就医的背部疼痛患者中，约有80%的病例可以归因于有意识或潜意识的情绪或心理压力。医生并未发现他们的背部有任何结构性问题。这些都是上脑有意识或潜意识地控制下脑的例子。

我在担任奥运教练的过程中发现，许多最成功的运动员都在锻炼自己的想象力。他们在脑海中想象着自己的每一步表现，想象着自己如何赢得比赛。他们的上脑用其惊人的力量控制下脑的巨大能量，从而产生他们想要的结果。他们只要对自己能否成功产生哪怕一丁点儿的怀疑，都足以彻底破坏他们的表现。传奇体操运动员西蒙·拜尔斯曾经说过："就心理而言，我必须在开始做动作之前让自己的身体和头脑都处于正确的位置。一旦进入状态，我就像被打开开关一样。"

在下一章，你将进一步了解左右脑的功能。了解这些信息之后，你就会明白本书介绍的脑力提升计划将如何对你在生活各个领域的表现产生巨大的影响。

不要低估潜意识的力量

很多专家、哲学家和思想家认为，潜意识的作用远不止于调节和协调自主的身体机能。它是心智的一个组成部分，将我们彼此联系在一起，并与渗透在宇宙中的无所不能、无所不知的力量联系在一起。如果把有意识的愿望转移到潜意识中，我们就可以利用宇宙的创造力和所有生物的集体心智力量，实现我们的所想所愿，并相信它完全可以实现。通过潜意识的力量，你可以治愈自己和他人，在事业或商业中取得惊人的成功，过上更丰富、更充实的生活。

有几本书记录了潜意识的力量，包括约瑟夫·墨菲的畅销书《潜意识的力量》、拿破仑·希尔的《思考致富》和朗达·拜恩的《秘密》。他们介绍了将有意识的愿望转移到潜意识中的各种方法，其中包括每天重复肯定句。

即使你不相信潜意识脑具有如此强大的力量，培养积极的心态也是明智之举。不管你想在哪个领域取得成功（包括优化脑力），你都需要一定程度的自信，确信自己将会成功。积极思考的力量将催生你所需要的信心和确定性。不管面对什么事情，如果一个人确信自己会失败，那么他一般不会取得成功，甚至不会进行尝试。

数学仿佛大脑的"健身房",它能磨砺你的思维。

——丹妮卡·麦凯拉

第二章
让数学技能上一个台阶

　　数学也许是你精通的领域，也许不是。曾几何时，许多学校都不鼓励女生学习数学。不论是基于迷信，还是基于对女性社会地位的陈旧假设，歧视一直存在。我们有些人关闭了学习数学的大门，可能是因为数学的教学方式，也可能是因为学到一定程度时，比如高等代数或微积分，我们会觉得数学在实际生活中没有多大用处。但是，不管是你对数学不感兴趣，还是有人阻碍你学习数学，这都不能说明你无法提升数学能力。

　　过去，人们认为某些人具备数学能力，有些人则不然，无论给予他们多少帮助都无济于事。现在我们知道，如果我们在数学等领域表现得不够出色，那只是因为我们从未让自己这方面的能力得到发展，而不是因为我们做不到。事实上，我想重申一遍，你有能力完成任何形式的数学计算。

　　举个例子，你每天都在做一些最为复杂的数学运算。你的眼睛每纳秒（十亿分之一秒）会接收数十亿个微小的信息碎片，你会根据这些信息自动计算距离和速度。你会据此评估迎面而来的汽车的速度，并迅速计算出你是否有时间穿过马路而不被它撞到，其中的计算速度和复杂性可想而知。你比任何现有的计算机都做得更为出色。

其实，你很擅长数学，只是你并不自知。如果你遵循我所讲的技巧，你将会提高在加减乘除方面的计算能力。你可能不会成为杰出的数学家，虽然你拥有这一潜质。但你会就此意识到，你确实拥有与生俱来的数学天赋。能否发挥潜能只是实际应用的问题。

惊人的数学潜能

我们现在知道，决定数学能力的主要因素有四个（种族或性别并非影响数学能力的因素），它们分别是技巧、练习、记忆力和大脑的基本能力。

技巧

多年来，数学家开发了越来越多的简便方法，用来解答不同类型的计算题。现在，这些技巧随手可得，使用这些方法的人自然比那些不用技巧的人计算能力更好。本章辅以实例介绍了几种最为基本的技巧。

练习

所有拥有优异计算能力的人,尤其是那些卓尔不群的人,都承认他们的计算能力不仅源于技巧,也离不开不懈的练习。没有人天生就会算数。与其他心智领域一样,计算也是一种技能,需要练习才能使大脑熟悉这项活动的方方面面。

随着不断的练习,大脑建立起神经网络,提高数学运算所需的生物和生理能力。你练得越多,这些神经网络的效能和效率就越高。

记忆力

优异的算数天才会牢记计算所需的各种基本技巧和公式,几乎无人例外。从前,那些认为记忆力有限的人觉得,这是一个难以逾越的障碍。事实上,我们每个人的记忆力几乎都是无限的,如果使用得当,所有和记忆力有关的事项都会变得十分简单,包括数学。有关开发记忆力的更多内容,请参阅第四章。

大脑的基本能力

我们过去不仅低估了记忆的潜力,也低估了大脑的基本能力。我们以为,有些人擅长数学,有些人不管得到多少帮助,在数学上都毫无建树。当然,现在我们已经知道,大脑的能力几乎可以说是无限的,包括科学和艺术在内的所有学科都不在话下。奥恩斯坦教授对左右脑的研究还表明，我们每个人都有一个"数学脑"和一个"想象脑"，这两个大脑的潜力基本上是一样的。我们可能在某方面有缺陷，但原因很可能是我们未给予足够的重视，而不是先天能力不足。

加法

我们在学习竖式加法时，大多数人学到的方法如下：从右往左依次计算，先把个位相加，再把十位相加，再把百位相加，以此类推，哪一位上的数字相加满十，就向前一位进一。以下面这个竖式为例，请计算其总和：

$$57$$
$$58$$
$$33$$
$$91$$
$$72$$
$$46$$
$$19$$
$$64$$

你可能会从右边那列开始从上往下逐个相加：7+8=15，15+3=18，18+1=19，19+2=21，21+6=27，27+9=36，36+4=40。把0写在个位，把4进到十位，然后以同样的方法继续计算。这样做很费时间,而且到目前为止你仅完成个位数的运算。

心算世界纪录

萨纳·海勒马特打破了心算领域的吉尼斯世界纪录。她不用计算器,不用纸笔,只用大脑进行计算。萨纳今年十一岁,她在两岁时被诊断出患有孤独症。

萨纳二年级时,数学成绩不及格。测试时,老师让她在纸上写出从1到20这些数字,可她完成不了。她缺乏完成一些精细动作的技能,比如握笔和使用铅笔。

然而,当父母第一次教她乘法运算时,她却能立即答出正确答案。当父母和老师问她更为复杂的计算题时,她也能很快轻松地做出回答。

要想刷新心算世界纪录,她必须在10分钟内凭借大脑算出一道12位数的乘法题。她现在做的数学题已经达到了麻省理工学院工程系学生的水平。

在众多加法运算技巧中,以下四种可以大大简化基本的运算过程:

1. 凑十法
2. 整十法

3. 倍数法

4. 拆分法

练习一：凑十法

遇到一大长串数字相加时，一定要在同一位的数字里寻找可以凑成"十"的组合。以下面这列数字为例：

57
58
33
91
72
46
19
64

你可能会一边嘟囔一边计算，9+4=13，13+6=19，19+2=21，21+1=22，以此类推。这样算很浪费时间。

如果你先计算相加等于10的两个数字，运算就会容易得多。用铅笔轻轻地把相加等于10的数字快速划去，这样你就不会忘了已经计算过哪些数字。我们先看右边这列，7+3=10，8+2=10，1+9=10，6+4=10，由此我们很容易就能算出个位数的总和是40。再看左边一列，5+5=10，3+7=10，9+1=10，6+4=10，再加上个位进上来的4，最终结果是440。

练习二：凑十法的延伸

即使同一位的数字中存在相加不等于10的数字组，凑十法也同样有效。请计算下面这列数字的总和。先用凑十法，边计算边用铅笔把算过的数字划掉，以防混淆。

93
28
32
86
61
17
44
22

我们先看个位，3+7=10，8+2=10，6+4=10，我们得到三个10，还剩一个3，个位相加得33。再看十位，9+1=10，8+2=10，6+4=10，剩下一个5，再加上个位进上来的3，最终得数为383。

你会发现，仅使用凑十法，计算速度就可以轻松提高一倍。后续你还会发现，加法的运算技巧也能让生活变得更轻松、更快捷。

练习三：整十法

在凑十法的基础上，你可以更进一步，将相加结果是10的倍数的两位数加起来。从下面这个例子中，你可以清楚地看到如何运用整十法进行运算：

$$34$$
$$26$$
$$97$$
$$15$$
$$13$$
$$55$$

为了让计算更简便，我们可以将这一列数字分解为：34+26=60，97+13=110，15+55=70。60+110+70=240。

与凑十法一样，在计算一长串数字的总和时，整十法一般可以减少一半的计算时间。

练习四：倍数法

很多人发现，与一长串不同的数字相比，如果要将相同数字相加，用乘法更简单。当你面对一列长长的数字时，你可以从头到尾检视一遍，看看有多少数字是重复的。你可以将乘法运用到最初看似烦冗困难的加法问题中，从而使加法问题变得更简单。例如：

7
8
6
1
5
7
7
9
6
5
1
5
9
9
8

7
8

轻轻划掉重复的数字,我们发现有 3 个 9、3 个 8、4 个 7、2 个 6、3 个 5 和 2 个 1。因此,这道题可以写作:

3 × 9 = 27

3 × 8 = 24

4 × 7 = 28

2 × 6 = 12

3 × 5 = 15

2 × 1 = 2

这样一来,这道加法题就简单多了,我们也更容易得出 108 这个正确答案。

上述加法示例中的式子都不长。要加的数字越多,这个技巧就越有用。

练习五:拆分法

最后一种加法运算技巧被称作"拆分法"。它可以将计算高难度加法的速度提高五倍之多,有时甚至可以无限提高运算速度,因为如果不使用这种方法,很多人会就此放弃。

使用这种方法时，你只需将数字拆分开来。假设你要计算下面这两道加法题：

$$\begin{array}{r} 31 \\ +54 \\ \hline \end{array} \quad \begin{array}{r} 425 \\ +379 \\ \hline \end{array}$$

你可以通过拆分的方式心算这两道题。简言之，将数字拆分成两个更小的部分，以此让较难的加法变得相对容易。拆分后，计算会变得极其简单。

在第一道题中，我们将 31 和 54 进行拆分，分别计算十位数和个位数的总和，如下图所示：

$$\begin{array}{r} 3 \\ +5 \\ \hline 8 \end{array} \quad \begin{array}{r} 1 \\ +4 \\ \hline 5 \end{array}$$

这样一来，我们能够更加一目了然地得出答案 85。

如果需要计算的数字较大，拆分法会更加有用。在上面的第二个例子中，我们把两个数字分别拆分成更容易计算的数字：

$$\begin{array}{r} 42 \\ +37 \\ \hline 79 \\ +1 \\ \hline 80 \end{array} \quad \begin{array}{r} 5 \\ +9 \\ \hline 14 \\ -10 \\ \hline 4 \end{array}$$

第二章 让数学技能上一个台阶

第一个加法很简单,两个数字相加后等于 79。第二个加法结果为 14,我们将其中的 1 进到上一位中,得到一个整十数。将这些数字合在一起,我们就能得到答案:804。

对这个技巧和本章介绍的其他技巧而言,我们越勤加练习,就掌握得越好。

减法

有三种主要运算技巧可以让减法计算更简便:
1. 用加法解决减法问题
2. 拆分法
3. 我的快减窍门

练习一:用加法解决减法问题

想象一下用加法解决减法问题,看下面这个例子:

$$7\,596 - 4\,779$$

大多数人会这样算:6 减 9 不够减,从十位借 1 变成 16;16-9=7;8-7=1;5 减 7 不够减,从千位借 1 变成 15;15-7=8;6-4=2。

这样计算有些费力，如果用上加法，这道题会简单得多。开始之前，先"准备好"这些数字。如果上面的数字比下面的数字小，就在上面的数字上加10，然后给下面数字的左边一位加1。接下来，你只需要说出下面的数字需要加上几才能得到上面的数字，运算就完成了。

在上面的减法例子中，5和6分别小于7和9，可以将它们变成15和16：

```
  7      15      9      16
 -5      -7     -8      -9
 ──      ──     ──      ──
  2       8      1       7
```

与传统方法相比，这种方法可以更快地得出2 817这个正确答案。

如果减法中的数字很长，采用这种方法可以节省大量时间。在开始做减法前，先准备好数字，然后通过"加法"得出正确答案。

练习二：拆分法

与加法运算一样，将较大的数拆分成较小的数，可以让减法更容易。

想象一下，你要计算下面这几道减法题：

```
 97    154    528
-32    -42   -212
```

在第一个例子中，我们将97和32分别拆分成两个数：

```
 9      7
-3     -2
——     ——
 6      5
```

这样一来，答案65更加一目了然。

同理，后面两道较难一点儿的题也可以将数字拆分开来，我们几乎立刻就能得出答案。

```
 15      4
 -4     -2
——     ——
 11      2

 52      8
-21     -2
——     ——
 31      6
```

做减法时，如果下面的数比上面的数大，只需在拆分时做出适当的调整：拆分时，给上面的数加10，并给下面数字的上一位加1。比如可以这样计算393-247：

```
  39        13
 -25        -7
 ───       ───
  14         6
```

练习三：我的快减窍门

在传统教学中，老师会告诉你从右往左做减法。比如，100 减 67，首先要用 0 减 7，当然不够减。因此，你要从上一位借 1，可上一位也是 0，于是，再往上一位，把百位的 1 借到十位，将它变成 10。然后从十位的 10 中借 1，使个位的 0 变成 10。现在，你可以用 10 减去 7，剩下 3。因为你从 6 上面的 10 里借了 1，所以剩下 9。9 减去 6 等于 3，所以答案是 33。

同样这道题，我们试着从左往右计算。首先，将 100 中的第一个 1 和 0 改为 9，第二个 0 改为 10。现在从左往右依次做减法：9-6=3，10-7=3，答案是 33。如此一来，速度是不是快了不少？

```
   9         10
  -6         -7
  ──        ──
   3          3
```

这种方法适用于 100、1 000、10 000、100 000 甚至

1 000 000 这样的数字。将最左边的 1 和 0 变成 9，将除了最后一个 0 的其他 0 都改为 9，最后一个 0 则变成 10。这样算起来就容易多了，因为我们读数时通常是从左往右读。下面再看一个例子：1 000-624。

将 1 000 中的第一个 1 和 0 改为 9，第二个 0 改为 9，最后一个 0 改为 10，然后从左往右依次做减法：

9	9	10
−6	−2	−4
3	7	6

答案是多少？376。

再看一道题，10 000-792：

9	9	9	10
−0	−7	−9	−2
9	2	0	8

你会发现，如果被减数的位数比减数的位数多，列竖式时要先把它们最右边的数字对齐，并于做减法之前在减数的左边加 0 补位（在这道题中加一个 0 即可）。于是这道题就变为 10 000-0792。

我们可以用另外一种方式来解释这种方法：如果被减数是 10 000，我们暂时把它改为 9 999，然后加 1 补回来。

	9	9	9	9
	−0	−7	−9	−2
	9	2	0	7
				+1
	9	2	0	8

再看一道题，10 000−7 438：

	9	9	9	10
	−7	−4	−3	−8
	2	5	6	2

这是一种快速计算的好方法。只要稍加练习，你就能让朋友们大吃一惊。你最终会达到这样的境界：他们一说出要减去的数字，你立刻就能给出答案。这也是你向自己证明的开始，你可以算得又快又好。

刚开始使用这种方法时，你可以试着把数字和答案写下来，随着练习的深入，之后你可以尝试心算。

乘法

在乘法运算中，有两种特别有用的技巧可以快速解决以下两种乘法题：

1. 乘以 5
2. 乘以 11

练习一：乘以 5

如果要把一个数乘以 5，我们可以先乘以 10，再除以 2。因此，如果计算 84 580 乘以 5，我们只需在被乘数末尾加一个零（与乘以 10 相同），得到 845 800，然后除以 2，我们就可以得到答案 422 900。

这种方法可以节省很多时间，与除法部分介绍的"分组法"结合使用，效果会更好。

练习二：乘以 11

如果一个两位数乘以 11，先将这个数的十位数字和个位数字相加，然后将它们的和放在这个两位数中间。

举个例子，如果我们计算 72 乘以 11，先把 7 和 2 分开，然后在中间填上 7 与 2 之和 9，这样就可以得到答案 792。

如果十位数字和个位数字之和等于或大于 10，只需在左边的数字上加 1。例如，计算 85 乘以 11 时，我们先把 8 和 5 分开，然后把两个数之和 13 加入中间，最终答案就是 935。

这种方法可以使乘法计算变得异常简单。除此之外，还有很多快速运算的技巧，比如如何快速计算较长的数字乘以 11，数字乘以 15、25、50、75、125 等。你如果对计算特别感兴趣，还可以了解关于大数交叉乘法的技巧。

通过这些简单的方法，我们应该越来越清楚，数学能力取决于是否知道怎么做——我们其实有很多巧妙的方法。

除法

有两种简单的方法可以解决下面这两种除法题：
1. 除以 2
2. 除以 5

练习一：除以 2

在计算一个数除以 2 时，我们可以用"分组法"，亦即像做加法和减法一样，把数字拆分成容易计算的部分。例如，6 728 544 除以 2，我们按以下方法分组即可：

$$6 \quad 72 \quad 8 \quad 54 \quad 4$$

分组后，每一个数字都很容易被 2 整除，按顺序计算后，我们可以得到 3、36、4、27、2，把它们串起来就是最终答案 3 364 272。

这个简单的例子告诉我们，任何想要快速做出计算题的人，都必须先学会浏览数字，再对其进行深入研究。你在计算除以 2 的算式时，用斜线或破折号将数字分开（随着你不断进步，你可以不用画线，扫一眼就能快速将数字分好组）。虽然分组法特别适用于除以 2 的计算，但它在其他快速计算中也很常用。

练习二：除以 5

在计算一个数字除以 5 时，可以先除以 10，再乘以 2。以 823 为例，823÷10=82.3，82.3×2=164.6。

与其他数学运算一样，除法也有许多不同的技巧。这里介绍的只是一部分比较简单易行的方法。

通过学习加、减、乘、除的计算技巧，首先，你会愿意敞开心扉，接受新的方法。其次，你会认识到某些技巧尤为有效，而且切实可行。再次，你能在现实生活中使用这些新技能。在很多情况下，快速而准确地计算不仅大有裨益，而且必不可少。

你现在可能会想："没错，也许我可以再推自己一把，也许我是个数学天才。"刚才，你可能不愿意大声说出计算结果，甚至只敢喃喃自语。现在，你可能会不假思索地说出这些数字。关键在于，如果你能想象出这些数字，并在脑海中更清晰地看到它们，你就能计算得更快。擅长计算的人都会使用想象的方法，因为它涉及右脑的成像功能。用上这种方法，你的数学能力将会显著提高。

换句话说，如果在计算时能够把左脑和右脑结合起来，就会在速度上成就明显的优势。我们现在已经明白，养成新的学习习惯其实很容易。如果训练得当，年长者开发大脑新技能的速度可以比任何孩童都快。

"怀疑精神"是科学所能教给我们的最重要一课,教育却在这方面一败涂地。

第三章
理性思考，发现逻辑谬误

　　大多数人认为自己很理性，但他们的决策往往缺乏逻辑。比如，人们经常认为他们从媒体上听到、看到或读到的东西都是事实。原因很简单，他们相信媒体已经仔细审查过新闻的准确性。一般来说，人们意识不到包括你我在内的每个人都有偏见。我们每个人都有根深蒂固的信念，倾向于相信我们希望看到的真实。媒体和记者也不例外。

　　在工作和生活中，运用逻辑的能力对决策至关重要。举个例子，假设你正在思考是否接种疫苗，以保护自己免于感染一种可能致命的病毒并将其传播给他人。你感染过这种病毒，并且已经康复。卫生部门建议每个人都应接种疫苗。然而，你看到过这样的研究结论，感染后产生的自然免疫力要优于接种疫苗产生的免疫力。还有研究发现，对那些感染过病毒并已康复的人来说，接种疫苗的风险更高。那么，你会听从卫生部门的建议，还是根据现有证据得出自己的结论？

无论你对此是否有意识，这个世界都充满了错误信息、误导性信息和逻辑谬误。不幸的是，当当权者试图阻止错误信息传播时，问题就可能出现。人类的偏见往往会影响区分信息真伪的标准。当权者最终会决定，凡是他们相信的（或他们希望你相信的）都是真的，凡是他们不相信的（或他们希望你不要相信的）都是假的。

言论自由和教育或许是唯一有效的解决办法。我们需要让信息自由流动，同时进行公开辩论，并教会每个人如何自己独立分辨事实和谬误。我们需要以适当的怀疑态度对待每一种言论。本章将为你指明正确的方向，并提供例子和练习来强化逻辑思维过程。

逻辑分析

逻辑论证是指，如果基本事实或前提是真的，那么接下来的结论也一定是真的。

核查论证所依据的事实通常很容易。你可以追本溯源或自己调查。你甚至可以质疑信息的源头，从而判断事实是如何被确立的（尽管源头并不总是可靠的）。

核查过事实之后，你需要问自己，基于这些事实的论证是否成立，亦即它是否能得出合乎逻辑的结论。在很多情况下，表面上看似合乎逻辑的论证最后会得出一个极尽荒谬的结论。下面是一个错误论证的例子，可能被用来支持某种偏见：

前提：所有狐狸都有尾巴。

（可疑）事实陈述：我看见跑进森林的那只动物有尾巴。

结论：我看见跑进森林的那只动物是狐狸。

很多人都曾被看似合乎逻辑、实则不然的论点引入歧途。

合乎逻辑的表述和逻辑谬误表述主要有以下两种形式：
1. 所有 A 都是 B
   所有 B 都是 C
   因此，所有 A 都是 C

2. 所有 B 都是 C
   A 是 C
   因此，A 是 B

在上面两种表述中，一种是正确的，另一种是错误的。有一种颇为直观的逻辑分析方法，我们可以用圆圈来表示 A、B 和 C。

第一种表述可以用一幅简单的示意图表示，如果前提或初始表述是正确的，那么最终表述也将是正确的（见图 3-1）。如果我们用一个圆表示 B，因为所有 A 都是 B，那么表示 A

的圆应比B小。如果所有B都是C，那么表示C的圆应比B大，因此所有A都是C。

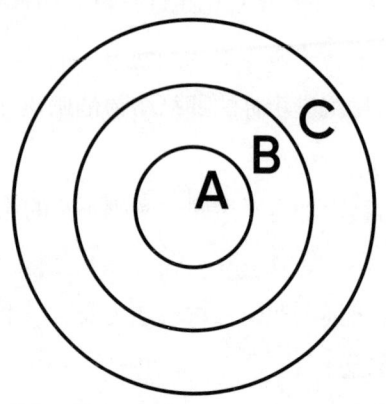

图3-1 所有A都是B，所有B都是C，因此，所有A都是C

这个推理的合理性可以用以下这个简单的例子来说明：

所有蚂蚁（A）都是昆虫（B）。
所有昆虫（B）都有六条腿（C）。
因此，所有蚂蚁（A）都有六条腿（C）。

如果前提为真，这一论证就是正确的。如果前提为伪，这一论证不仅站不住脚，而且往往会得出荒谬的结论。请看下面的例子：

所有浆果都很好吃。

致命龙葵是一种浆果。

因此,致命龙葵很好吃。

虽然这个论证合乎逻辑形式的规范,但它并不正确,因为第一个前提是错误的。因此,在聆听或阅读论证时,一定要确保前提是正确的。

接下来,要检验陈述是否符合逻辑。如图 3-2 所示,上面提到的第二种逻辑表述就是一个错误推理的例子。在这幅图中,C 仍用大圆表示,因为所有 B 都是 C,所以可以在 C 里面用一个小圆来表示 B。A 也是 C,但 A 既可以在 B 内,也可以在 B 外。到了论证的最后阶段,"因此 A 是 B"可能为真,但不一定为真。由此可见,这是一个错误的论证。

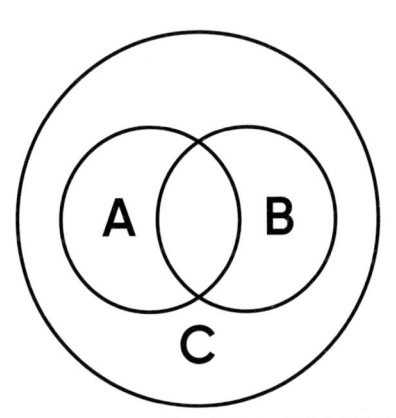

图 3-2　所有 B 都是 C,所有 A 都是 C,但并非所有 A 都是 B

第三章　理性思考,发现逻辑谬误

通过下面这个例子,我们可以看出这种论证的谬误:

所有歌手(B)都是舞者(C)。
所有演员(A)都是舞者(C)。
因此,所有演员(A)都是歌手(B)。

这种论证在关于政治、种族和宗教的讨论中十分常见。明白其中的逻辑结构,我们可以共同防止这类讨论变成不必要且无益的争论。

通过定义改变词语的含义

许多交流和讨论之所以陷入僵局,是因为随着讨论的深入,关键词的含义在论证中发生了变化,而这些变化有时十分微妙,几乎难以被察觉。在围绕"和平"和"善恶"等概念进行讨论时,或者在针对种族、宗教、政治和哲学展开讨论时,情况尤为如此。

在这类讨论中,我们当然应该尝试定义某些词语。与此同时,我们必须认识到词语的基本性质:一个词并没有绝对的定义,它可以有多种多样的附加含义。面对同一个词,不同的人会有不同的联想。因此,在讨论中弄清楚对方如何理解关键词至关重要。人们往往会惊讶地发现,在一个群体中,只有他们为某个词赋予了某种含义,他们却以为这是共识。

为了清楚地说明这一点，你可以问问你的朋友，他/她在看到"奔跑""上帝""快乐""爱"等词语时，脑海中最先想到了哪六个词。将结果与你列出的六个词进行比较，其间的差异会让你感到惊讶，同时也会给你启发。我已经做过几百次这类试验，迄今为止，尚未出现两个人对同一个词产生完全相同的联想的情况。

如果与会者都能在每次讨论开始时就关键词的定义达成共识，那么我们会拥有更多的理解、更少的冲突。即使仅在词义以及与这些词相关的感受存在细微差别这一点上达成共识，也有助于防止它们被解读为逃避责任或针锋相对。因此，我们善加使用同样的词，便可以增进理解，而不是造成混乱和纷争。

用有偏见的统计数据进行论证

你可能听说过"数字不会说谎"这句话。这一说法固然没错，但人们常常利用数字来歪曲事实，使其有利于自己想要表达的观点。举个例子，两家报社对失业率进行了报道，一家报社支持政府，另一家报社反对政府。第一份报纸在大标题中写道："失业总人数保持平稳。"报道的第一段如下：

> 过去一个月内，失业率基本保持不变。11月9日，失业人数增加了3 972人，总数达601 874人，失业率继续保持在2.6%。

另一份报纸的标题是:"失业人数或将达到70万。"标题下面的导语写道:

失业人数持续攀升。本月失业人数再度超过60万,这意味着11月的失业形势将创下30年来最惨淡的纪录。

这两则相互矛盾的报道甚至用了不同的图表以直观地说明自己的观点(见图3-3)。如图所示,左图显示失业率变化很小,而右图显示10月到11月失业形势发生了巨大的变化。

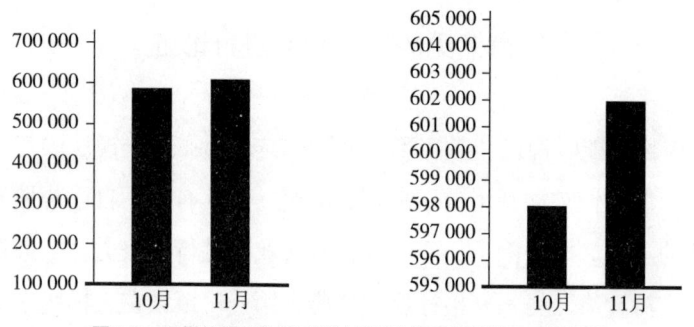

图3-3 同样的统计数据可以被用以佐证两份截然不同的报道

除了大量不符合逻辑的错误(你能一一指出它们吗?),这个例子还说明,为了把读者引向某种观点,媒体会有选择性地使用统计数据。

第一份报纸希望其所发布的文章给人一种稳定的印象。他们或许对所有可能的数字进行了分析，从中找出一个变化极小的数字，即百分比。

反对政府的那份报纸同样发现了一个具体的统计数据，而这个数据可以让问题显得十分严重。

这个例子揭露了更多有关统计学的问题，而非仅仅说明人们经常引用的"数字不会说谎"。它告诉我们，只有知道统计数据背后的意义，才能对情况有较为准确的认识。此外，我们还可以从中看出统计数据的提供者有什么偏见。

这种统计方法甚是有趣：它不仅呈现了数字信息，还增加了读者对材料背后的动机的了解。

有许多方法可以有目的地选择数据，使结论偏向一方。从错误的平均值假设这类简单的方法，到操纵图表这类复杂的方法，它们可以让好事变成坏事，让坏事看似没有那么糟糕。如果你有兴趣了解数据背后的真相，你可以选修统计学基础课程或自行阅读统计学方面的书籍。只要你具备对统计学的基本了解，寻找逻辑谬误就会成为一项愉快且有益的业余爱好。

识别其他类型的逻辑谬误

在人类发展的历史长河中，人们发明了许多方法来歪曲事实，以便支持他们所相信的（或希望别人相信的）东西。到目前为止，我已经介绍了三种逻辑谬误。下面我将简要概述其他几种逻辑谬误。

- **相关性/因果谬误**：如果两件事发生的时间比较接近，人们往往会认为其中一件事导致另一件事的发生，但事实并不一定如此。例如，美国选出了一位新总统，此后不久通货膨胀率下降。新当选的总统认为，这说明他的经济政策取得了巨大成功，即使当时他的政策尚未生效。

- **从众谬误**：这一谬误是说，当大多数人认为某件事情是真的时候，人们未经辨别就认为它是真的。根据民意调查做出决策的政治家尤其容易受到从众谬误的影响。正如父母在你成长过程中告诫你的："别人都这么做，并不代表它就是对的。"同样，大多数人都相信的事情并不代表它就是真的。

- **逸事证据谬误**：逸事证据谬误是指，根据十分有限的数据得出结论。兜售营养品的人经常利用这种谬误，他们在没有大规模、双盲、安慰剂对照研究的情况下，宣称自己的产品效果极佳。举个例子，在新冠疫情期间，人们急于寻找有效的自然疗法和预防性补充剂，医生经常发布临床成功案例，声称他们在患者身上尝试的某种治疗方法取得了显著的效果。虽然临床证据确实有一定的分量，但它并不能等同于结构合理的大型实验室研究。

- **稻草人谬误**：这种伎俩是指偷换概念，曲解对方论点并对其加以攻击，而不是推翻对方真正的观点。你如果关注过美国两党围绕移民问题的辩论，就会发现很多稻草人谬误的例子。右派政客指责左派政客拥护边境开放政策，而左派政客则经常指责右派政客反移民。指责对方在某一问题上立场激进，会更容易对其进行反驳，但对方实际持有的观点可能更复杂。

- **假两难（或非此即彼）谬误**：假两难谬误只给听众两个选择，真相只能是 A 或 B。攻击其中一个选择，通过排除法让另一个选择成为唯一可能的选择。然而，这种论证否认了其他可能性。就上述关于移民问题的辩论而言，假两难的选择是：要么支持修建边境墙，要么支持边境开放政策。事实上，有人反对修建边境墙，同时希望看到移民法以其他方式得到执行。

- **诉诸权威谬误**：这种谬误是指，仅仅因为某个专家或权威人士声称某件事情是真的，就认为它是真的。举个例子，10 名牙医中有 7 人推荐使用牙膏 A 而不是牙膏 B，这并不一定意味着牙膏 A 能更有效地预防龋齿。

第三章　理性思考，发现逻辑谬误

要证明这一点,需要实证证据,比如大规模、双盲、安慰剂对照研究的结果。

- **懒于归纳谬误**:懒于归纳是指论证忽略与其结论相矛盾的证据。例如,绝大多数科学证据支持全球变暖和气候变化是由人类活动(包括燃烧化石燃料)造成的,但一些拒绝接受这一说法的人会把注意力集中在质疑这一理论的稀少证据上。

- **错误类比**:错误类比是指将两件并不相似的事物进行比较。例如,有些人在反驳进化论时喜欢这样说:"生命起源于偶然事件的概率与印刷厂发生爆炸后在印字典时完好无缺的概率相当。"尽管进化论仍有待商榷,但进化这一生物过程与印刷机并无相似之处。

认识自己的偏误

除了警惕错误信息和错误逻辑,我们还需要意识到自己的偏见。这些偏见会扭曲我们的思维,影响我们的信念,并从内心左右我们的决定。下面是一些常见的认知偏见:

- **证真偏差**，是指我们更重视那些支持我们信念的证据。
- **事后诸葛偏差**，是指我们倾向于认为自己从一开始就知道事件的结果。
- **锚定偏差**，是指我们更容易受第一条信息或第一印象的影响，而忽略后面的证据。
- **自我服务偏差**，是指在一切顺利时将功劳归于自己，而在出错时将责任归咎于他人。
- **乐观偏差**，是指我们心情好时，倾向于高估正面结果出现的概率。
- **悲观偏差**，是指我们心情不好时，倾向于高估负面结果出现的概率。
- **沉没成本偏差**，是指我们倾向于认为我们的投资会产生积极的回报，这往往会导致我们继续投入时间、金钱或精力去做一些注定会失败的事情。
- **邓宁-克鲁格效应**，是指一个人无法认识到自己缺乏某个领域的能力。
- **虚假共识**，是指高估其他人对我们立场的赞同程度或对我们行为的认可程度。

做出合乎逻辑的判断和决定

在接受任何论证的逻辑之前,请检视以下因素:

- 你在支持或反对某一立场或某一观点的提出者时有什么情绪或偏见。
- 对方的可信度,对方是不是该话题的权威。
- 论据来源的可信度。
- 从证据推导出结论的思路(逻辑)。
- 对方是否持有偏见,是否设置了推动议程,是否对这个话题倾注了感情。举个例子,你读的是一篇新闻报道还是一则专栏评论?后者是为了让你接受某种观点,而前者应该是完全客观的。不幸的是,很多时候,即使是完全客观的新闻,也会有令人难以置信的偏见,甚至有宣传的意味。我曾看到有些著名的科学期刊用"复杂"和"巧妙"等带有感情色彩的词语形容他们支持的实验,而用"草率"和"马虎"等词语描述他们反对的研究。我们必须在逻辑和感性之间做好区分,检查证据及其来源的真实性。

在面对面交流中保持情绪稳定尤其困难。例如,如果你的工作涉及谈判,你可能会发现包括你在内的相关各方都会表现出懊恼和愤怒,甚至将愤怒作为一种谈判工具,迫使对方接受他们原本不会接受的条件。回应愤怒的一种方式就是以牙还牙。不过，一旦沦陷其中，你就会发现你可能并不喜欢这样的结果，过后还可能后悔让对方把你拖到同他们一样难堪的局面中。

我有一位学生讲过这样一件事，他与一位客户陷入激烈的讨论，对方突然开始朝他发火。"你是个笨蛋！"客户大叫道，"这是我听过的最愚蠢的话！我不知道自己为什么要浪费时间和你谈事！"我的学生对此的回应是，他微笑着向对方致歉，告诉客户很抱歉给他留下了这样的印象，并请求对方给他一个改正的机会。

有人说我的学生退缩了，但他并不这么认为。我的学生是一位精明的商人，他解释道："这不是退缩，而是摆脱僵局、缓和局势，这样客户才能做出更理性的商业决定。如果我也朝他发火，我就什么也做不成了。听了我的道歉，客户冷静下来，含糊地为自己大吼大叫的行为道歉，接下来我们达成了协议。你不应该让情绪妨碍你的生意，你应该驾驭情绪，利用它带给你的能量达成你的目的。"

情绪（理性思维的对立面）会妨碍你做出有效决策，但有时过于讲究逻辑也会阻碍进步。你可能听过"分析瘫痪"这种说法。它是指过度分析局面，以至无法采取行动或变得优柔寡断。这种错误经常出现。你可能会用几个小时甚至几天的时间来思考某个决定，最终却不了了之。

这种情况会发生在为考试而苦恼的学生身上，也会发生在花几个小时思考从哪里起步的商人身上。人们总是错误地认为他们只有非此即彼的两种选择,其实他们还有第三种选择,比如什么都不做、退出、犹豫不决、不做决定。

第三种选择并不总是可行的。你在面临需要采取行动的情况时,必须有所作为。如果你意识到自己有第三个选择,而它并不可行,你可以迫使自己做出选择。你可能面临两个非常接近的选择,选择哪个似乎并不重要,所以你只需选择一个并继续前行。

有些人通过抛硬币的方式来解决这个难题,这种方法看似随意草率,但实际上可能是一种颇具创意的解决方案。有时,在重新思考硬币给出的选项后,人们会意识到他们并不想要这个选项,从而下定决心选择另一个方案。培养自己从侧面观察事物的能力,你可能会找到做生意、建立人际关系和享受生活的新方法。

其实,我们要比自己想象的更有创造力。

为逻辑思维注入创造力

你是否摆弄过回形针?大多数人都会把它折成不同的形状。回形针最初只有一个用途,那就是夹住纸张。不过,人们想出了各种利用回形针的巧妙方法。想不想让左脑加入解决问题的逻辑活动中(这通常是右脑的功能)?请你设计一下回形针的巧妙用途吧!

- _____
- _____
- _____
- _____
- _____
- _____
- _____

下面是有些人想到的用途：

- 拉链的替代拉环
- 眼镜腿的临时替代转轴
- 打开房门的钥匙
- 鱼钩
- 书签
- 指甲清洁器
- 领带夹

这个问题看似很傻，但做完感觉还不错吧？本书介绍的脑力提升计划的意义在于挑战自我，突破自己的极限，以你从未想过的方式使用大脑。如果你允许自己成长，你将在信息管理和自我管理上获得令人振奋的新能力和新视角。我们在继续学习的过程中会不时地回顾这些概念，巩固对它们的理解。给自己一个学习的机会吧！

不断提升自我的方法

如果想保持大脑敏锐分析的能力，你可以定期使用下面的一种或多种方法。

1. 做一个剪贴簿，把你在文章和新闻中看到的特别突出或有趣的内容剪下来，粘到本子上，并说明其中的逻辑谬误。

2. 在个人和小组交谈中做好准备，时刻注意各方论点中的缺陷。这并不意味着你要打断他人的发言并当即指出他的错误，只是提醒你要保持较高的警惕性，更认真地倾听，更仔细地检视他人结论背后的推理。

3. 偶尔（或不断）审视自己的表达和交流方式。在极度愤怒的时候（当你失去理智的时候），你往往会发现有关自己逻辑弱点的最有用的信息。

4. 如果你有朋友或熟人想要提高自己的逻辑和分析能力，你可以和他约定互相监督。这样一来，你可以从信息提供者和信息分析者的双重视角保持警惕。孩子一看到逻辑谬误，往往能迅速指出来。你可以将电视、广播新闻节目或报纸作为素材，寻找其中的逻辑谬误。你可以将其设计为计分的趣味游戏。家庭成员谁最先发现信息中的逻辑谬误，谁就可以得分。

5.购买与自己观点相左的报纸和杂志，将它们与你通常购买的报纸和杂志进行比较。几乎每份报刊都有各自的编辑偏见。通过比较偏见相左的两种报刊，你会更容易识别它们各自的偏见。你还可以收听具有相反倾向的媒体新闻（如美国有线电视新闻网和福克斯新闻网），完成同样的练习。

通过以上练习，你将变得更加自信，更加放松，更善于运用语言沟通。你将更有能力应对各方政客和媒体不断的信息轰炸。

若想拥有良好的记忆力,一定要保持身体健康。
健康的大脑离不开健康的身体,健康的身体离不开健康的大脑。
记忆功能需要氧气作为动力,为什么不经常滋养它呢?

——东尼·博赞

第四章
呵护和滋养你的大脑

大脑可能是人体中最容易被忽视的器官。我们传授它知识，训练它完成特定的任务，并为它提供娱乐，但我们大多数人忽略了大脑营养。我们未能给予它充足的休息和放松的时间，而这正是它达到最佳健康状态、实现最佳功能所需的。我们的记忆和认知表现因此受到影响：我们的大脑无法有效和高效地工作，也无法充分发挥它的潜能。

请勿再忽视你的大脑。本章，我将提供必要的指导，告诉你如何更好地呵护大脑。你将了解以下内容：促进大脑成长的五种基本要素，你梦想拥有的爱好所具备的价值，记忆的本质，如何更有效地管理记忆中的信息，以及如何通过分块安排生活避免超负荷。

在你全身心投入本章之前，请提醒自己，你拥有惊人的人类潜能。你可以做任何你想做的事，甚至不需要过多有意识的努力。举个例子，你很小的时候就完成了你所能想象到的最难的任务之一：你掌握了一门语言。掌握一门语言意味着你具备对节奏、数学、音乐、物理、语言学、空间关系、记忆力、创造力、逻辑推理和思维的内在理解，这是左右脑功能全面整合的结果。你仅仅通过倾听和几年的常规练习（试错）就学会第一门语言，几乎毫不费力。如果你能掌握一门语言，你就能做任何事情！

促进大脑健康的基本要素

我们在谈论大脑的时候，往往将它视为一个独立于身体之外的器官，但其实它也是身体的一部分。大脑不是一个花哨的"计算器"，而是一个生物/生理器官，需要适当的呵护和滋养。为了保证大脑达到最佳的健康状态和功能，以下五种基本要素必不可少：

- 营养物质
- 氧气
- 信息
- 爱和关怀
- 睡眠

营养物质

和身体的其他部分一样，大脑也依赖食物中的营养物质为其提供能量，维持正常的生长和发育。营养不良会损害大脑的健康和功能，不仅会导致认知能力低下，还会导致情绪不稳定、精神和行为失常。为了保持大脑的健康和功能，应做到饮食均衡，摄入以下食物和流质：

- 蔬菜：尤其是菠菜、羽衣甘蓝、宽叶羽衣甘蓝等绿叶蔬菜，富含维生素K、叶黄素、叶酸和β-胡萝卜素等有益大脑健康的营养物质。
- 健康的脂肪：来源包括冷水鱼（鲑鱼、金枪鱼、鲭鱼、鲱鱼、鳟鱼、沙丁鱼）、有机橄榄油、油梨、坚果和优质ω-3补充剂。人脑近60%是脂肪，而ω-3脂肪酸是大脑的主要组成部分。
- 健康的蛋白质：人体利用蛋白质产生酶、激素和其他化学物质，这些物质会影响大脑功能，构建并修复组织。最健康的蛋白质来源包括有机肉类、鱼类、蛋类、豆类、坚果和种子。大多数非有机蛋白质的来源存在问题，因为它们通常含有激素（尤其是肉类）和杀虫剂。
- 浆果：浆果含有类黄酮，有助于提高记忆力。
- 绿茶：绿茶似乎能激活大脑中与工作记忆有关的部分。
- 姜黄及其活性化合物姜黄素：姜黄和姜黄素具有很强的抗炎和抗氧化特性。研究证明，姜黄素能提高脑源性神经营养因子（BDNF）的水平，而BDNF就像大脑的生长激素。姜黄有助于改善记忆力、专注力、动力、情绪和睡眠，并可能有助于缓解抑郁和焦虑。
- 黑巧克力：黑巧克力含有有益大脑健康的类黄酮和抗氧化剂，还含有能够刺激大脑的咖啡因。
- 水：对人体细胞和几乎所有的生理功能（包括血液循环和排毒）来说，水都必不可少。脱水会损害认知功能和记忆力，使人情绪低落，导致大脑发生结构性变化，这些变化会在功能磁共振成像（fMRI）中显现出来。脑脊液和血液量长期不足可能会增加罹患阿尔茨海默病和血管性痴呆的风险。

除了摄入健康的营养，还要避免可能有害的物质，尤其是下面这些物质：
- 糖和甜品：包括含糖饮料及同款的无糖饮料，尤其是含有阿斯巴甜的饮料。一项研究表明，饮用无糖饮料的人罹患中风和痴呆的风险是其他人的三倍。
- 精制碳水化合物：比如精制面粉。
- 反式脂肪：来源包括烘焙食品、零食、人造奶油、油炸食品以及氢化或部分氢化的植物油。
- 吸烟或电子烟：除了新鲜的、无污染的空气，其他任何气体都会毒害大脑。
- 每周多日过量饮酒。
- 大麻。
- 汞含量高的鱼类：位于食物链顶端的鱼体内含汞量较

高，所以一般来说，你最好吃沙丁鱼等较小的鱼，而不要吃金枪鱼和剑鱼等较大的鱼。

氧气

虽然发育成熟的人脑约占人体总体重的1%~3%，但它需要的氧气却占人体氧气摄入量的20%。只要缺氧3~6分钟就足以造成大脑损伤。任何供氧限制都会损害大脑的健康和功能。

许多你认为理所当然的事情其实涉及非常复杂的计算。在你的大脑中，数十亿个脑细胞不断经历异常复杂的电化学变化，处理你不断分类和接收的信息。据估计，如果把全世界的电话系统网络与人的大脑相比，前者只有一颗普通豌豆那么大。

大脑需要氧气来提供能量，而提供氧气的最佳方式就是有氧运动。为确保大脑供氧正常，你可以通过运动改善呼吸和血液循环。运动包括有氧运动（骑自行车、散步、慢跑、划船、跳绳），也包括力量训练（举重或做阻力练习，如俯卧撑、仰卧起坐和引体向上）。健身教练对你说的都是真话。如果你能让心脏每分钟跳120多下，每周至少3次，每次20~30分钟，你的心血管系统就能保证健康身体所需的供氧量。

你还可以选择以下方式为大脑供氧：越野滑雪，跳迪斯科或其他比较剧烈的舞蹈，进行强度较大的徒步旅行或登山，主动延长做爱时间。爱意和做爱可以调动所有感官，为身体提供美妙的调理和锻炼体验，它也是大脑所需的五大基本要素之一。

有意识地提高自己的有氧运动能力，就相当于在自我的全面发展上迈出了重要的一步。你会发现自己的智力和创造力得到了提高，压力减轻了，耐力增强了。虽然这句话看似有点儿多余，但我还是要强调：健身计划对你的健康和预期寿命至关重要。

有一句拉丁语谚语如是说："健康的大脑离不开健康的身体。"请牢记这句话。

信息

正如身体不锻炼就会失去活力，大脑如果缺少信息、智力活动和挑战也会失去活力。你正在阅读本书并进行书中的练习，这说明你已经认识到保持大脑活跃的重要性。大脑越用效率越高，你一旦不用它就会失去它。

以前的观点认为，无论你做什么，大脑都会随着年龄的增长而自动衰退。人们认为，大脑在18~24岁达到顶峰，然后开始稳步缓慢地衰退，最后可能会快速衰退。

人们认为，随着年龄的增长，记住并回忆信息的能力、计算能力、扩展词汇量的能力以及创造力都会下降。马克·罗森茨韦格教授和其他许多专家已经给这个古老的可怕理论画上句号。这种说法是错误的。罗森茨韦格和包括我在内的其他人已经用确凿的证据证明，如果大脑受到刺激，无论你的年龄多大，它都会继续形成新的神经网络。从生物学角度看，年龄越大，大脑越复杂、越精密。

大量非科学信息也支持我们的说法，即大脑会随着年龄的增长而不断改善。米开朗琪罗80岁时仍在进行伟大的艺术创作和写作。海顿在晚年写出许多美妙的音乐篇章。毕加索直到90多岁还在作画。

有一种信息获取模式对左脑的开发极为重要，那就是积累词汇。事实证明，丰富的词汇量与商业、经济、智力、社会和个人的成功息息相关。

为什么它们之间会有如此高的相关性？仔细想一想。高度丰富的词汇量可以提高你在构思、分析、排序、推理、思考、定义、提炼和交流方面的能力。这些技能是提高心智素养必不可少的部分，值得向往和追逐。

不过，语言并不完全属于左脑。随着词汇量的不断增加，语言往往会与你的右脑技能联系在一起。词汇不仅适用于逻辑，还会与心理图像、想象力和创造力联系起来。你有没有意识到，如果你每天学习两个新词，你的词汇量一年内就能增加730个？

你可以购买各种增加词汇量的课程，也可以免费学习。听到一个新词时，你把它记下来，查查词典，并尽可能多地使用它，每天用上10次，这样它就会成为你的终身记忆。随着词汇量的增加，你将大大提高自己的沟通能力、表达能力、描述想法的能力，以及探索、确定和发展感情的能力与实现目标的能力。你的大脑喜欢接收信息，请大胆地把信息输送给它吧。

爱和关怀

每个人都需要被爱，需要被人欣赏。如果没有爱，大脑就会感受到压抑和绝望，缺乏生存的动力。想一想你在失去亲人时感受到的严重的伤害或绝望。我们的情感中心是大脑，而非心脏。当大脑感受到充足的爱时，你会发现自我管理的大部分要素会更容易就位。

刚刚建立起一段关怀关系时，爱和关怀会自然而然地产生。然而，随着时间的推移，这段关系会在生活的诸多压力下变得紧张。我的观点是，在几乎所有的关怀关系中，大部分压力源自双方缺乏足够的时间和空间来处理信息，无法做好左右脑活动的转换。由此产生的挫败感往往会导致愤怒，进而引发分歧、不满和怨恨。如果这种情况得不到解决，那么这段关系几乎肯定会破裂。

请允许我用一个较为刻板的例子来说明这一点。有这样一位丈夫，他在办公室工作了一整天，主要使用由左脑负责的技能，比如阅读、写作、分析、思考、计算等。他精疲力竭地回到家，瘫坐在门口的台阶上，妻子前来迎接他。

在这个例子中，作为家庭主妇的妻子忙碌了一整天。她主要使用由右脑负责的技能，包括着色、掌控节奏、烹饪、清洁、听收音机、购物和照顾孩子等。现在，我相信你已经预料到接下来会发生什么。你自己可能也有过类似的经历。

丈夫想做的就是休息，或是喝上一杯，坐在他最喜欢的椅子上让疲惫的左脑歇一歇。他想任由自己的思绪恣意飞翔。妻子恰恰相反。她的左脑一天中没有接收到多少刺激，她迫不及待地想要与人交谈，交换意见，让右脑喘口气。

他们在门口相遇，左脑和右脑产生激烈的碰撞。妻子渴望找人聊天，丈夫只想在躺椅上闭目养神。妻子想方设法地让丈夫开口。丈夫因此火冒三丈，觉得妻子是个爱唠叨的讨厌鬼，一刻也闭不上嘴。妻子则因为丈夫的不体贴、发脾气、不领情和不愿交谈而感到愤怒。

明白了两个大脑的运作方式以及它们的真正需求，你只需理解我所说的"缓冲区"，就能从根本上消除这种一发不可收拾的情况。

什么是缓冲区？

缓冲区是指双方从见面到开始心灵沟通之间留出的时间和空间。给彼此一个喘息的机会，让大脑平静下来，恢复平衡，就像潜水员在深潜后游回水面时为平衡压力所做的那样。他们会缓慢地往上游，速度通常不超过每分钟 9 米，然后在距离水面约 4.6 米处停下来，查看是否有船只经过。缓慢上升可以帮助潜水员安全地排出体内积聚的多余氮气。如果不能在浮出水面前排出体内多余的氮气，潜水员就可能患上减压病。这种病会令人十分痛苦，甚至可能致命。

同样，夫妻关系中如果双方不经常建立缓冲区，二人的互动可能会变得非常痛苦，最终导致关系的终结。缓冲区给了双方一个减压的机会。给予对方一定的时间和空间是爱情的重要部分。

职场中的缓冲区

缓冲区适用于不同的环境，包括企业。在我自己的公司中，我发现秘书们难以完成日常工作，这让每个人都很紧张。但这并不是秘书的错，他们经常被电话打断，同事经常需要他们做各种计划之外的事情。

秘书们很沮丧，他们的经理也越来越不耐烦。不难想象，他们不仅中断了彼此的沟通，而且矛盾还在持续加剧。就像在个人关系中一样，这种局面难以为继。

我们的解决方案是，团队里的所有人一起坐下来，分析一下秘书们每天花在各种工作上的时间。我们发现，秘书们每天平均花两小时处理各种计划之外的事情。这些事情并非微不足道、毫无用处，事实上，它们非常重要，只是不在计划内。因此，我们决定为这些必要的事情做好计划。我们重新调整了秘书的工作时间，划出两小时的缓冲区。这样一来，每个意料之外的电话或请求都被纳入其工作时间，成为意料之中的事务。工作被意外打断的情况大大减少，秘书们也不再为此忧虑。

结果，人际关系得到了惊人的改善，工作效率自然也因此大幅提高，我们还获得了其他一系列直接利益。这成为我们公司十分有效的一次改革。

睡眠

关于如何呵护和滋养大脑的讨论常常忽略了睡眠，睡眠对大脑能否达到最佳的健康状态和功能至关重要。据报道，少数人每晚只需要睡 6 小时或更短的时间，但我们大多数人还是需要 7~8 小时的高质量睡眠。我所说的高质量睡眠是指有助于大脑恢复的安稳睡眠。如果你一个晚上醒来好几次，或者早上起床时感觉自己没有休息好，这说明你睡眠不足，或是你的睡眠被打乱了。

睡眠对大脑的健康和功能发挥着重要作用。你可能没有意识到，你的大脑在睡眠期间仍在运作，执行一些重要的维护工作，比如：

- **排毒**：大脑有自己的废物清除和循环系统，被称为"胶质淋巴系统"。它能清除化学废物（其中一些可能有毒），并将其他化学物质回收再利用。与阿尔茨海默病有关的淀粉样斑就是在睡眠中被回收的关键蛋白质之一。如果睡眠质量不高，有毒的化学物质就会在大脑中积聚，损害记忆、认知和情绪。

- **修复**：大脑会在睡眠中修复一天中受到的损伤。美国宾夕法尼亚大学的一项动物研究发现，过长时间的清醒会损伤负责警觉和认知的神经元。还有一项研究表明，睡眠时间缩短与脑容量减少有关，但研究人员无法确定是睡眠时间缩短导致了脑容量减少，还是脑容量减少影响了正常睡眠。

- **处理信息**：大脑在白天接收到的数据和刺激会在夜间得到处理，大脑会对其进行归类并加以理解。你可以把大脑想象成一个图书馆，每晚的信息处理过程则是一项大规模的索引编制和标记工作。在此期间，图书馆会被整理得井井有条，你可以在其中快速、轻松地检索数据。睡眠对数据的整理和存储至关重要，因为每晚只睡 4~5 小时的人通常在记忆力测试中表现较差。

- **创造记忆**：大脑有一种令人难以置信的能力，它能在睡眠中产生生动的梦境，这些梦境比你醒来时看到的现实世界更生动。这些梦是大脑试图理解白天接收到的所有刺激、试图解决问题和内部冲突的产物。研究表明，梦境可能与大脑在睡眠时释放的一种名为"乙酰胆碱"的化学物质有关。阿尔茨海默病患者产生乙酰胆碱的脑细胞遭到破坏，从而影响了他们做梦的能力。

睡眠不佳（包括时长和质量）与罹患中风、认知老化、痴呆、帕金森病和阿尔茨海默病的风险增加有关。

以下建议有助于你提高睡眠质量和增加睡眠时长：
- 养成睡眠习惯，确保每晚睡 7~8 小时。换句话说，要有固定的就寝时间。
- 在漆黑隔音的房间里睡觉，或者在一个尽可能无光和安静的房间里睡觉。
- 睡前至少一小时不看电视、计算机和智能手机。
- 避免摄入咖啡因、酒精、尼古丁和其他会干扰睡眠的化学物质。
- 将日常锻炼时间安排在早些时候，不要在临睡前运动。
- 睡前适量饮水以免因口渴醒来，但不要过量，以免半夜醒来上厕所。
- 睡前不要吃得太饱，不要吃比萨或玉米片等容易扰乱睡眠的食物。

梦想拥有的爱好

梦想拥有的爱好是指你渴望从事但从未从事过的活动，它们令人愉悦，通常需要学习，比如绘画、演奏乐器、学习一门语言、滑翔、潜水、下棋、缝纫、焊接、修理小型发动机等，任何能激发你热情的活动都算在内。你尚未拥有这样的爱好，可能是因为你觉得自己没有时间、精力或能力。

你想要拥有这些爱好，说明你的大脑可以在这些领域发挥作用。大脑在告诉你："我想要，也需要这项活动。"所以我的建议是，如果你梦想成为画家、雕塑家、戏剧演员、环球旅行家或其他什么人，那么无论多年来别人对你说过什么、你对自己说过什么，你都有能力去实现它，而且会做得很好。所以，开始吧，现在就开始培养你梦想中的爱好吧。

请注意，梦想拥有的爱好大多是右脑活动。这显然是因为我们大多数人都由左脑主导，没有给自己足够的时间去培养更具创造力和艺术性的技能。不过，当你的大脑变得越来越发达时，你会在大多数活动中同时使用左右脑。例如，体育运动可能由右脑主导，但也涉及很多其他方面。想一想棒球运动员在面对投手时会做什么——计算球的速度和轨迹、防守球员的位置、挥棒的速度和方向，以及其他各种数据。这是非常复杂的左脑活动。你的技术越娴熟，你就越能调动两侧大脑。这种平衡源自你在某个领域的纯熟技能。

列出你梦想拥有的五大爱好：

1. _____
2. _____
3. _____
4. _____
5. _____

现在,从上面的列表中选择一个爱好,承诺每周至少花一小时来做这件事。你如果发现自己抱怨没有时间,就更要找时间去做。你必须做好自我管理,才能找到时间。如果你觉得自己年纪太大做不了,那就大错特错。无论年纪多大,你都可以学习弹钢琴、滑翔、潜水或跳伞。我认识一些75岁的老人,他们之前从未接触过乐器,现在却能演奏各种曲目,包括巴赫和流行乐。如果你说你能做到,你就能实现,尤其当你采用正确的方法时。当你做到这一点时,你的生活将会发生改变。

重温"静息-活动周期"

让我们回到第一章提到的"静息-活动周期"。如果你正因为一件重要的事情而埋头看材料,比如考试、报告或演讲,40分钟后你很难再看进去,那么这时你会怎么做?你可能会起身四处走走,也许会喝杯饮料。在继续用功之前,你会做一些让自己放松和让头脑清晰的事情。

不过,如果你对材料很感兴趣,你可能不会停下来放松。你可能一直读,直到实在坚持不下去为止。当你干得起劲的时候,你根本不会停下来,对吗?但是,你真的应该停下来。让我来告诉你为什么:毫无疑问,你的大脑可以继续处理摄入的信息,但如果马不停蹄,你会失去回忆起这些信息的能力。

你是否有过这样的经历:你读了一些资料,且理解得非常透彻,但很快就忘记了。也许你在考试前通过恶补取得了好成绩，几天后却想不起来自己学了些什么。你的短时记忆帮你通过了考试，但这些信息并未进入你的长时记忆。

如果你想达到最好的学习效果，希望将来能够回忆起需要的信息，你就必须遵循"静息－活动周期"。也就是说，花20~40分钟摄入并存储信息，具体时长根据你的能力而定。当你给大脑安排休息时间时，大脑会吸收信息，为接下来的学习做好准备。休假同样重要，除了在日常工作中阅读重要文件时要有间隙，每周、每月和每年也要为自己安排补充能量的时间。你必须利用好周末和假期。要管理好信息，就必须管理好自己的生活。

记忆力

既然谈到管理和吸收信息，我们就来谈谈如何提高记忆力吧。这是信息管理的一个重要组成部分。如果你能记住并回忆起工作和生活中的事件、数字和其他关键信息，你就会比其他人更胜一筹。在我们开始做提高记忆力的练习之前，我想确保你真的明白大脑是如何运作的。

也许你曾有过话到嘴边的时候：你知道自己拥有某些信息，但就是说不出来。你的大脑已经成功记录了这些信息，但你不知道如何将其回忆起来。许多科学家确信，大脑可以存储几乎所有摄入的信息。他们指出，大脑刺激实验可以让人回忆起数十年前早已遗忘的事情。大脑当然有能力记住一切。一项研究显示，即使一生中每秒给大脑输入10比特新信息，它也远达不到饱和。

你可能听说过濒死体验。有些人在溺水、坠崖或撞车过程中命悬一线，结果奇迹般活了下来。这些典型案例可以证明，大脑存储了几乎所有的信息。部分有过这种经历的人表示，在失去知觉之前，他们的一生会在眼前闪过。

如果你觉得这只是一种比喻说法（"我的一生在眼前闪过"），而那些幸存者说的只是他们一生中的重要瞬间，那你就错了。经过仔细询问，他们坚持表示自己确定在濒死时回忆起了一切。受访者来自不同年龄、性别和种族。在每个案例中，他们最初都不愿意提供信息，因为他们不好意思承认自己的经历，认为自己会因此遭到他人嘲笑。

这些人不知道这种经历其实十分常见，以为自己出了什么问题，其实他们刚刚经历了大脑功能最佳的时刻。你可以回忆起自己的一生。虽然你可能从未经历过自己的一生在眼前闪过，但你可能有过类似体验。熟悉的气味常常会唤起旧时的记忆。比如，你可能在路过一家面包店时闻到了一股自制面包的香味，由此勾起你和爷爷奶奶住在一起时的童年回忆。这就是意外刺激。某个场景、声音、味道，或是触碰到的某种东西，都可能引发一系列相关记忆，这些记忆有时令人身心愉悦。

还有其他证据可以说明我们的大脑存储了一切摄入信息：有些人可以回忆起自己一生中的每一天，有时甚至精确到小时和分钟。一项研究显示，有一个俄罗斯人拥有绝佳的记忆力。

如果你问他 20 年前的某一天发生了什么事，他会停顿一下，然后问你："具体什么时间？"出于某种原因，他的大脑已经形成了一个自然系统，可以回忆起一生中的所有事情。

影响记忆力的五个因素

我们一生中摄入了大量信息，只要想一想姓名、地点、日期和事件，就知道信息量有多么庞大。所以我们很容易认为，自己接触了太多信息，这导致我们不可能回忆起所有的事情，但事实并非如此。我们无法回忆起某个信息，只是因为我们不知道如何回忆。你的归档系统越完善，你就越容易提取所需的信息。下面是真正影响记忆力的因素：

- **首因**：你通常更能回忆起事件的开头，而不是事件的中间部分；更能回忆起第一次做某事的时候，比如刚学会骑自行车的时候，而不是后来重复这件事的时候。在本章后面的练习中，你将直观地领会这一点。

- **近因**：在所有条件相同的情况下，你倾向于记住刚刚发生的事件，也就是最近的事件。换句话说，与前天相比，你能更清楚地记得昨天所做的事情；与三天前相比，你能更清楚地记得两天前所做的事情。即使步入老年，情况也是如此，人们可以回忆起小时候和最近发生的事情，却记不清中间那段时间的经历。这与年龄没有多少关系，只是回忆的模式不同。

- **关联**：你会回忆起与其他事物相关联的事物。比如，如果某个人告诉你的事情能唤起你的某种联想，你就更有可能回忆起他说过的话，因为二者是相互关联的。这种关联可能来自字词、图像、事件、气味、声音、感觉，也可能在以上任意几种的共同作用下诞生。关联是开发超强记忆力的一个重要方面。

- **特殊性**：在心理学术语中，我所说的"特殊性"就是冯·雷斯托夫效应。在我们那一代人中，几乎每个人都能回忆起约翰·肯尼迪总统被刺杀时自己在哪里、在做什么。对年青一代来说，这个时刻可能是2001年9月11日双子塔遭受恐怖袭击时。我们有一个自动系统，可以回忆起那些与众不同的事情。

- **复习的意愿**：目前，许多生理学家表示，大脑模式会通过重复记忆得到强化。换句话说，思维会影响大脑的内部结构。复习过的东西会比只浏览一遍的东西更牢固地存储在大脑中。也就是说，你如果想记住某件事情，就不断地复习它。

既然你已经知道大脑是如何回忆起信息的，你需要的就是运用这些知识。想一想影响记忆力的五个因素，连续学习四个小时有什么问题呢？当你长时间不间断地学习时，你只能受益于一次首因和近因效应。你回忆起的将是材料的开头和结尾，中间一大部分会成为缺口。如果经常休息，首因和近因效应的次数就会增加。如果在日常学习中增加复习的次数，记忆力就能大大提高。

首因效应、近因效应和复习都会加强"静息－活动周期"的价值。如果你将学习时间划分开来，每次 20~40 分钟（具体时长取决于学习内容的难度、你对学习材料的掌握程度以及你的兴趣程度），你不仅会大大提升自己的记忆力，还会感觉休息得当、精力充沛，因为你给了大脑休息和整理信息的机会。

分块

分块是指将信息和活动分解成易于管理的部分。你可以将时间分成 20~40 分钟的学习、练习时间和 2~5 分钟的休息时间；将话题分成不同的主题和子题；将段落分解为至多 7 个部分。分块是自我整理的关键一步，在这个过程中，你将任务划分整理成更易于管理和记忆的部分。

我们很多人都会犯一个错误，那就是试图一股脑记住所有事情。如果你能分块思考，把事情分成不同的部分，你就能更有效地记忆和管理它们。

如果你因自己作为多任务处理者而自豪，请继续保持。能够同时兼顾多项工作是一项宝贵的技能，但这往往取决于具体有多少项工作。研究似乎表明，我们做不到不是因为缺乏相应的能力，而是因为我们还未适应大脑自然的组织和分块过程。

在任何领域，专注都是成功的关键。你需要清楚地知道自己能做什么、有什么样的能力，然后在这个框架内努力创造成功。如果你知道大脑在同一时间只能处理几项工作（大多数人最多只能同时处理 7 项工作），你就不要超过这个数量。这样做将有助于你清楚地了解自己的现状和未来的发展方向。

助记法

人们想出了很多巧妙的方法帮助记住并回忆起小学、中学和其他阶段的各种信息和关键概念。助记法可分为以下几类：

- 意象
- 首字母缩略词
- 藏头句
- 韵文
- 分块和归纳
- 模型

意象

意象是最有效的助记工具之一，因为它能让你将字词、概念或其他形象与脑海中的生动意象联系起来。举个例子，如果你遇到一个叫桑迪（Sandy）的人，你可以想象她在沙滩上，周围都是沙子（sand）。要记住原则（principle）和校长（principal）这两个词的区别，你可以提醒自己，校长可以成为你的朋友（pal），但原则不能。

首字母缩略词

首字母缩略词由你想记住的内容的第一个字母组成。比如，你可能用 Roy G. Biv 这样一个类似人名的词记住彩虹的颜色：红（**r**ed）、橙（**o**range）、黄（**y**ellow）、绿（**g**reen）、蓝（**b**lue）、靛（**in**digo）、紫（**v**iolet）。你可以用 HOMES 记住北美五大湖的名称：休伦湖（**H**uron）、安大略湖（**O**ntario）、密歇根湖（**M**ichigan）、伊利湖（**E**rie）和苏必利尔湖（**S**uperior）。你可以用 RICE 记住治疗腿部扭伤的方法：休息（**r**est）、冰敷（**i**ce）、加压（**c**ompression）、抬高（**e**levation）。

藏头句

藏头句与首字母缩略词类似，指的是用相应信息的第一个字母造句。举个例子，如果你要按离太阳远近的顺序记住太阳系中的行星名称——水星（**M**ercury）、金星（**V**enus）、地球（**E**arth）、火星（**M**ars）、木星（**J**upiter）、土星（**S**aturn）、天王星（**U**ranus）、海王星（**N**eptune）和冥王星（**P**luto，冥王星曾被视为行星），可以使用"我受过良好教育的妈妈刚刚给我们做了9个馅饼"（**M**y **V**ery **E**ducated **M**other **J**ust **S**erved **U**s

Nine Pies）这一藏头句来帮助记忆。

要记住数学运算的顺序，即括号（**p**arentheses）、乘法（**m**ultiplication）、除法（**d**ivision）、加法（**a**ddition）和减法（**s**ubtraction），你可能学过这句话"请原谅我亲爱的莎莉阿姨"（**P**lease **E**xcuse **M**y **D**ear **A**unt **S**ally）。在音乐课上，老师可能教你用"每个好孩子都做得很好"（**E**very **G**ood **B**oy **D**oes **F**ine）记住高音谱表的五条线"EGBDF"，用"所有牛都吃草"（**A**ll **C**ows **E**at **G**rass）记住低音谱表的四个间"ACEG"。在几何课上，老师可能会教你用"嗖－咔－透"（soh cah toa）记住正弦、余弦和正切函数：

- 正弦（Sin）= 对边 / 斜边（Opposite/hypotenuse）
- 余弦（Cosine）= 邻边 / 斜边（Adjacent/hypotenuse）
- 正切（Tangent）= 对边 / 邻边（Opposite/Adjacent）

韵文

比起普通文章，人们更容易记住并回忆起韵文。你肯定还记得小时候那些经典儿歌吧：

- 一三五七八十腊，31 天永不差，四六九冬 30 天，平年二月 28，闰年二月 29。[1]
- 1492 年，哥伦布在蓝色的大海上航行。[2]

---

[1] 英文为：Thirty days hath September, April, June, and November. All the rest have 31, excepting February alone, which has but 28 days clear and 29 in each leap year. "September" 和 "November" 押韵，"clear" 和 "year" 押韵。——编者注

[2] 英文为：In fourteen hundred and ninety-two, Columbus sailed the ocean blue。"two" 和 "blue" 押韵。——编者注

- "I"放"E"前，除非它在"C"后或读音为"A"，比如"邻居"（neighbor）和"称重"（weigh）。[1]
- 把酸加到水里，并非水加到酸里。[2]
- 朝霞不出门，晚霞行千里。[3]

分块和归纳

通过分块和归纳，你可以将信息分解成更容易记住的小单元，同时做好归类。请看下面几个例子：

- 电话号码、信用卡号码和社会安全号码都被分成每组含2~4个数字的几个部分。比如电话号码8777325254的标准形式是（877）732-5254，这种形式更容易被记忆。
- 要记住购物清单上的物品，可以按照物品类型或超市区域进行分组，比如乳蛋类（牛奶、奶酪、鸡蛋），农产品（苹果、香蕉、生菜），罐头（水果、蔬菜和豆类罐头），冷冻食品（预制菜、冰激凌、冷冻果汁）等。
- 用不同颜色标记优先等级，比如，绿色等级最高，黄色次之，红色表示出于某种原因被搁置的事项。

---

1 英文为：I before E, except after C or when sounding like A, as in neighbor and weigh。"A"和"weigh"押韵。——编者注
2 英文为：Acid to water, that's what you oughter。"water"和"oughter"押韵。——编者注
3 英文为：Rainbow in the morning, travelers take warning. Rainbow at night, travelers' delight。"morning"和"warning"押韵；"night"和"delight"押韵。——编者注

模型

模型是一种图像形式。你可以把它想成信息图中常见的图像或图表。信息图包括组织结构图、生命周期图或金字塔，比如食物金字塔。食物金字塔是一种直观的饮食指南，上面标注了每种食物（面包、谷类、大米、面食；蔬菜；水果；乳制品；蛋白质；脂肪、油和甜食）的摄入标准。

记忆壮举

早在古希腊时期，有人就展现出了令人惊叹的记忆力。有人能够正背、倒背或按任何顺序背诵几百个条目，比如日期、数字、名字和面孔或者某个学科领域的知识。还有人能够记住长篇故事，以口述的形式代代相传。

到了现代，世界记忆冠军向我们展示了惊人的记忆力。他们能够按顺序记住几副被随机打乱的洗好的扑克牌，每副包含52张牌。人们以前普遍认为，助记法不过是魔术把戏，直到最近这种斥责声才逐渐平息。不过，助记法可不是什么花招。我和其他研究人员发现，这些人使用的技巧与大脑的运作方式如出一辙。

你将要学习的初级助记法是以大脑的运作方式为基础的。它们绝非把戏，现在世界各地的顶尖大学和公司都在教授这些技巧。它们专为大脑的工作方式而设计，有助于你的智力开发。

记忆力练习

大脑在潜意识层面的表现令人惊叹，它管理并协调所有生理活动，让我们得以继续存活。不过，我们也需要大脑在意识层面发挥作用。我们需要在学校或工作中卓有成效地完成各项任务，履行家庭和公民责任，处理人际关系，并参与娱乐活动。要提高意识层面的表现，首先要提升记忆力。请和我一起练习，提高你的自我意识，由此你将顺利实现自己的目标。

你已经了解了我们能够记起或无法记起某些信息的原因。现在，开始提升你的记忆力吧，让所有信息在你需要时都能唾手可得。

超忆症

超忆症，亦称高度发达的自传性记忆。超忆症患者能够异常清晰地回忆起所有过往经历。这种人在世界人口中占比极小，一般全球只有 30~60 个患有超忆症的人。

在优兔上，你可以找到《60分钟》对演员玛丽露·亨纳尔及另外两位女性的报道。她们都接受了检查，被确诊为超忆症患者。对其中两位女性来说，这种病是件好事，但对第一位女性来说，它却是一种诅咒。她的大脑中充斥着大量的记忆和信息，以至无法专注日常生活中的任何事情。

在这个节目中，亨纳尔的儿子问她："1979年的情人节是星期几？"她立即回答说："星期三。"完全正确。儿子抱怨亨纳尔从不解释她是如何做到的，她只是说："我并非有意为之，只是看到并记住了。"她几乎能回忆起生命中的每一天，包括当天发生的许多重大事件。

研究人员扫描了这几位超忆症患者的大脑，发现了她们的异常之处。她们的颞叶比正常人大，尾状核的大小是正常人的7倍。尾状核主要与程序性记忆有关，而且与强迫症密切相关。虽然这个节目中的女性均未被诊断出强迫症，但她们办事都很有条理。

练习一

下表中列出了一些单词（先别看！）。等你读完这段说明后，以正常速度从头至尾一个词一个词地读一遍。不要倒回去重读。这张表中有很多单词，你不可能全部记住，所以你的任务就是尽可能多记一些单词。读完之后，请回答后面的问题。

第四章　呵护和滋养你的大脑

pay（付钱）	which（哪一个）	then（然后）
head（头）	the（这个）	of（……的）
turn（转弯）	will（将要）	they（他们）
now（现在）	once（一旦）	actual（实际的）
fee（费用）	and（和）	of（……的）
field（领域）	more（更多的）	and（和）
the（这个）	clearly（清晰地）	case（案件）
of（……的）	Leonardo da Vinci（达·芬奇）	the（这个）
left（左边）	together（一起）	repeat（重复）
and（和）	inch（英寸）	same（同样的）
to（朝……方向）	and（和）	other（其他）
of（……的）	the（这个）	

现在，请不要回头查阅上表，回答下面的问题。

1. 表中前六个单词你能记住几个？

　　_____　_____　_____

　　_____　_____　_____

2. 表中后六个单词你能记住几个？

　　_____　_____　_____

　　_____　_____　_____

3. 你还记得哪些出现过不止一次的单词？

　　_____

4. 你还记得哪些与其他单词明显不同的单词?

   _____

5. 你还记得哪几个其他单词?

   _____ _____ _____

你回答得如何?如果你只记住了几个单词,请不要觉得尴尬。这个练习的目的是帮你认识到:(1)你可以提升自己的记忆力;(2)你可以弄清楚自己是如何记忆的,也许这一点更重要。如果你还记得我说过的"首因效应",你会发现自己记住的词更多来自开头,而不是中间部分。你可能记住了开头的一两个词和结尾处的几个词——这要归功于近因效应,我们能够记住更多最近学到的东西。

你能回忆起出现过不止一次的单词吗?如果能,这是受益于关联或复习。相同的词语一次次出现,足以在你的记忆中留下深刻的印记。这一点说明,回忆起有某种关联的事物比没有关联的事物更容易。

你有没有发现哪个词与众不同?"达·芬奇"这个词很可能引起你的注意,给你留下深刻的印象。因为这个名字的特殊性,你几乎毫不费力就可以记起来。

你还记得几个其他单词并不重要。无论你现在的记忆力处于什么水平,它在接下来的15分钟内都会有所提高。

练习二

在这项练习中，请你把数字与特定的物品关联起来。例如：1和桌子，2和羽毛，3和猫，等等。和上一个练习一样，你只能读一遍，并用卡片盖住读完的内容。我们的目的是记住相互关联的数字和词语：

4 leaf（树叶）

9 shirt（衬衫）

1 table（桌子）

6 orange（橙子）

10 poker（扑克）

5 student（学生）

8 pencil（铅笔）

3 cat（猫）

7 car（汽车）

2 feather（羽毛）

现在，用卡片盖住上面的列表，按下面的顺序填写相应问题的答案。

请在下面十个数字的旁边填上与之对应的词语。我们特意改变了数字的顺序。请不要查看上面的列表，尽可能多地写出相关词语。

1 _____   7 _____

5 _____   4 _____

3 _____   6 _____

8 _____   10 _____

9 _____   2 _____

得分：_____

要记住以上内容，需要一种能够利用记忆的联想和关联能力的方法，将词语与相应的数字联系起来。

其中最好的方法就是"数字－韵律法"，亦即把每个数字与一个与之押韵的词关联起来。

押韵词如下：

1. bun（面包）

2. shoe（鞋）

3. tree（树）

4. door（门）

5. hive（蜂巢）

6. sticks（棍子）

7. heaven（天堂）

8. skate（滑冰）

9. vine（藤蔓）

10. hen（母鸡）

这个练习的目的是提高你的回忆能力，请跟我一起开始吧。为了记住你刚才试着回忆起的十个数字和词语组合（或其他任何东西），你需要把这些词语和数字的押韵词联系起来。只需很短的时间，你就能通过数字的押韵词即刻回忆起相应的数字和与其对应的关联词语。用这种方法，你还能回忆起你要记住的任何东西的图像。

练习三

现在，回顾一下，看看自己的记忆力是否有所提高。在下面的空格处写出"数字－韵律法"中的押韵词，并在其旁边写出上面与数字相关联的单词。

请你想象一下，我下面要说的内容。你要在脑海中尽可能清晰地想象出一幅画面。用你的感官去体验我所描述的内容。用触觉、听觉、嗅觉或者任何适合你的方式去感受它。举个例子，现在闭上眼睛，想一想昨天晚上吃了什么。尽可能调动各种感官，包括视觉、嗅觉、味觉、触觉和听觉。

今后，你要自己去想象画面，因为你自己想的才是最适合你的。现在，言归正传，我来介绍一下数字及其押韵词。

接下来，我会从练习二的组合中随意抽取一个，请你给出相应的答案。现在，让我们开始吧！

1. 数字"1"（one）的押韵词是"面包"（bun），而你要记住的词是"桌子"。你可以这样想象，一张细高的桌子上放着一个特别大的面包，面包太大了，以至桌子腿快支撑不住。闻一闻面包，让美妙的烘焙香味飘入鼻腔，再咬一口面包尝尝。

2. 数字"2"（two）的押韵词是"鞋"（shoe），而你要记住的词是"羽毛"。你可以这样想象，你正准备穿戴整齐去上班，却发现有一只鞋穿不进去。鞋里面长了一根很大的羽毛，每当你把脚放进去，羽毛都会挠得你痒痒的，让你大笑不止。想象一下鞋里的那根让你脚底发痒的羽毛。

3. 数字"3"（three）的押韵词是"树"（tree），而你要记住的词是"猫"。如果你养了一只猫或是你认识的人养了一只猫，请你想象这只猫被困在树顶，爪子牢牢地抓住纤细的树枝，喵喵直叫。你能感受到它的绝望吗？它正随着树枝来回摆动。

4. 数字"4"（four）的押韵词是"门"（door），而你要记住的词是"树叶"。想象一下，你卧室的门其实是一片巨大的树叶。每次你开门或关门的时候，它都会发出和秋天的枯叶一般的清脉的声音。

5. 数字"5"（five）的押韵词是"蜂巢"（hive），而你要记住的词是"学生"。想象一下，有一名学生坐在课桌前。她穿着一件黑黄相间的条纹衬衫，一边用装满蜂蜜的笔在笔记本上写写画画，一边像蜜蜂一样快乐地哼唱。

6. 数字"6"（six）的押韵词是"棍子"（sticks），而你要记住的词是"橙子"。想象一个巨大的橙子,你从来没有见过这么大的橙子,它有沙滩球那么大。几根粗大的棍子戳进橙子,果汁溅了你一身。闻闻果汁的味道,感受它的汁液在你的身上流淌。

7. 数字"7"(seven)的押韵词是"天堂"(heaven),而你要记住的词是"汽车"。想象一下,天堂里的每一位天使都不是坐在云朵上,而是坐在汽车里。这里的每一辆汽车都散发着神圣的光辉,你希望自己也能开上这样的汽车。

8. 数字"8"(eight)的押韵词是"滑冰"(skate),而你要记住的词是"铅笔"。想象自己穿着上面装有彩色铅笔的旱冰鞋。当你从街上滑过时,铅笔会留下奇妙的彩色图案。

9. 数字"9"(nine)的押韵词是"藤蔓"(vine),而你要记住的词是"衬衫"。还记得电影《杰克与仙豆》中的巨大藤蔓吗?想象一下,藤蔓上摆动的不是树叶,而是漂亮的彩色衬衫。风一吹,藤蔓上的衬衫组成了一道美丽的风景线。

10. 数字"10"(ten)的押韵词是"母鸡"(hen),而你要记住的词是"扑克"。想一想,有一群人在玩扑克。有人如果输光了钱,就捏一捏母鸡,鸡肚子里会掉出更多的筹码。

现在,请睁开眼睛,检验一下"数字-韵律法"对你的记忆力有多大帮助。在下面的空白处填上数字的押韵词以及你需要记住的关联词。

押韵词　　　　　　　关联词

1. _____　　_____
2. _____　　_____
3. _____　　_____
4. _____　　_____
5. _____　　_____
6. _____　　_____
7. _____　　_____
8. _____　　_____
9. _____　　_____
10. _____　　_____

你有没有进步？你所察觉的任何进步都可以归功于脑海里形成的图像。要想不断进步，需要的只是勤加练习。在你继续开发记忆力时，一定要确保押韵词与你想记住的词紧密关联。我举的例子可能并不适合你，你可以有自己特定的关联方式。下面我将介绍一些基本要素，这些要素会使你脑海中的图像发挥出最大的效力。

SMASHIN' SCOPE 记忆法

当使用押韵词和图像来记忆一长串词语时，你一定要确保押韵词和你要记的词紧密关联。为了建立这种密不可分的关联，你想象的图像需要符合以下一个或多个标准（当然，越多越好）。

联觉 / 通感（SYNESTHESIA/SENSUALITY）

联觉指的是感官融合。天生的记忆大师都有敏锐的感官，他们将五种感官摄入的信息融合在一起，以增强记忆力。要训练自己有意识地去接收感官信息，提醒自己把注意力从一种感官转移到另一种感官：

- 视觉
- 听觉
- 嗅觉
- 味觉
- 触觉
- 动觉：对身体位置和运动状况的感知

运动和维度（MOVEMENT AND DIMENSION）

在任何辅助记忆的图像中，运动和维度会大大增加大脑将物体关联起来的可能性，从而帮助你记住相关信息。你在想象的时候，尽量让物体变得立体，并让它们运动起来。

联想（ASSOCIATION）

无论你想记住什么，一定要让它与日常生活中常见的事物联系起来，比如"三"（three）和"树"（tree）。你可以用任何押韵的词，比如"三"（three）和法国布里奶酪（brie），但前提是你在日常生活中经常看到布里奶酪，或者你很喜欢吃这种奶酪。在建立关联时，你要用自己了解和熟悉的事物。

性（SEXUALITY）

大多数成年人对性都有美妙的记忆。你可以使用相关图像进行联想和关联。别担心，这些图像都是私密的，没有人能进入你的大脑一窥究竟。别人体验不到，也无从得知，它们是独属于你的记忆。我在书中不会使用此类图像，但如果你脑海中的相关图像有助于记忆，那就尽管使用它们吧。性为生动的想象提供了丰富的源泉。

幽默（HUMOR）

让记忆充满乐趣。你想象的图像越有趣、越荒谬、越可笑、越不切实际，就越令你难以忘怀。超现实主义画家萨尔瓦多·达利曾经说过："我的作品相当于把非理性的东西具体化的手绘照片。"在很多情况下，这些画都是他记忆中白天和夜晚梦境的完美展现。

想象力（IMAGINATION）

SMASHIN' SCOPE 记忆法中的"I"代表"想象力"。爱因斯坦说过："想象力比知识更重要，因为知识是有限的，而想象力囊括世间万物，推动进步，促进知识的进化。"你运用

第四章　呵护和滋养你的大脑

越多的想象力，就会越善于想象。想象力越强，记忆力就越惊人。

编号（NUMBER）

SMASHIN' SCOPE 记忆法中的"N"代表"编号"。现在，你应该对编号非常在行。通过给物品编号，你可以给它们排好顺序，帮助你利用左右脑的技能再次记住它们。

SMASHIN' SCOPE 记忆法的前半部分到此已经介绍完毕，我们现在来看后半部分，即"SCOPE"。

符号（SYMBOLISM）

"SCOPE"中的"S"代表"符号"。你可以使用普通符号，但对你来说越有意义、越夸张、越富有想象力、越丰富多彩的符号，就越可能让你回忆起与之相关的东西。使用有意义的图像，而不是普通或无聊的图像，这会增加你回忆起相关事物的可能性。所以，尽可能使用有意思的符号吧。当然，你也可以使用传统符号，比如停车标志或灯泡。

颜色（COLOR）

"SCOPE"中的"C"代表"颜色"。颜色越生动，你想象中的图像就越难忘。图像越容易被记住，记忆效果就越好，你的生活也会随之越发丰富多彩。只要时机恰当，你可以使用彩虹的全部颜色，让你的想法更缤纷，从而更加令人难忘。

排序（ORDER/SEQUENCE）

"SCOPE"中的"O"代表"排序"。如果你充分锻炼这方面的能力，你的大脑会像一个井然有序的图书馆，获取信息的能力将大大增强。如果将之与其他方法结合使用，你提取信息的速度会更快，大脑"随机访问"的可能性也会越强。

积极（POSITIVITY）

"SCOPE"中的"P"代表"积极"。使用积极向上的图像，如此一来，你的大脑才会愿意回想它们。如果你使用负面的图像，即使结合了所有其他方法，你也可能发现大脑会阻止回忆进程，因为它觉得这些图像令人不快或反感，因此不想记住它们。

夸张（EXAGGERATION）

SMASHIN' SCOPE 记忆法的最后一个字母是"E"，代表"夸张"。夸大一切事物，这又让我们想到了前文提到的"特殊性"原则。不要在桌子上随便放一个面包，要放一个巨大、美味的面包，你最喜欢的馅儿正从这个面包中缓缓流出，面包大到要把桌子压塌。你听到了桌子断裂的声音，你尝到了面包的味道，运用一切感官感受它，沉浸其中。不要用一根棍子戳一个普通的橙子，要把橙子想象成星球那么大，用一根巨大的棍子戳进去，感受它的汁液，尝尝它的味道，让果汁淋遍全身。投身其中，夸大物体，营造令人愉悦的场面，你就会对它们记忆深刻。

如果用上 SMASHIN' SCOPE 记忆法，你的记忆力将无限提升。在你想象的所有图像中，夸大尺寸、形状和声音。

有很多方法可以帮你开发记忆力，使你不再需要在开会时记笔记，而且能够在没有笔记的情况下随时回答任何问题。这些都不是把戏，而是价值无限的信息管理方法，可以让你随时随地轻松地提取任何信息。它们可以在解决问题和决策上为你提供极大的帮助。好好练习数字-韵律法和 SMASHIN' SCOPE 记忆法，同时还可以使用其他记忆构建方法。

出色的记忆力能给你带来什么

拥有出色记忆力的人可能在学习、工作和个人生活中表现优异，因为信息对他们来说触手可及。以一个有趣的故事为证。故事的主人公是一个 14 岁的瑞典男孩，老师给他所在班级的学生们布置了一项看似不可能完成的任务，要求他们尽力而为。

他们要记住世界上尽可能多的国家名字及其首都，这个数量远超 300 个。男孩回家后向父亲抱怨说，他觉得这项作业不公平，而且不切实际。他的父亲是一家大公司的高管，曾上过我的一门记忆课程。他对儿子说："我可以教你怎么记住这么多信息。"父亲告诉他这项作业其实一点儿都不难，男孩对此感到非常惊讶。

男孩回学校参加了考试。几周后，孩子的父亲接到校长的电话，声称他的儿子在地理考试中作弊。父亲来到学校与老师讨论此事。学校用以证明这个男孩作弊的唯一证据就是他在考试中取得了优异成绩。第二名的得分是 123 分，而他考了 300 多分！老师的结论是，学生不可能得这么高的分，他肯定作弊了。

这个男孩给校长讲述了自己的方法。不仅如此，当老师意识到男孩确实只是运用自己惊人的脑力完成了考试时，他们请男孩把我的记忆技巧教给其他同学。就这样，他们携手提高了该校整体的考试成绩。

人类最伟大的探险之旅就是意识的进化。我们这一生就是要丰富灵魂，解放精神，点亮大脑。

——汤姆·罗宾斯

第五章
认识你自己：自我探索

我们即将进入脑力提升计划的全新阶段。为了做好准备，我们先做三个练习。这些练习会帮助你分析自己的生活，确定你在个人发展中处于什么位置，了解你希望自己达到什么水平。它们还会告诉你，你生命中还有多少时间来享受这些意义非凡的改变所带来的成果。

现在，我们要开始学习如何利用脑力创造一种同你本人更契合的生活，这种生活也更符合你对自己、家人和其他所爱之人的真正期望。通过接下来的练习，你会发现自己的未来永远不会被外部环境或其他人主宰。你将自主掌控一切。

自省是释放非凡心智技能的下一步。我想你已经注意到了心智素养的潜力。接下来，你将回答一系列关于你自己的问题：你是谁？你想拥有什么样的成就？你想成为什么样的人？我保证，长期来看，你将受益无穷。起初，你会发现自己能轻而易举地克服最初的犹豫不决，因为众所周知，改变是可以轻松实现的。

举个例子，大多数人吸烟是为了掩饰社交能力不足带来的尴尬以及生活中的其他挫败感。他们不知道应该把手放在哪里，他们需要在冷场和其他社交场合中找点儿事做。这种习惯持续多年后，会变成一种错综复杂的仪式。例如，我认识的一位女性烟民多年后终于成功戒烟。结果，她发现自己的社交恐惧感被放大了十倍。她变得慌乱不堪，因为手里再也没有"道具"可用。这个表面上的挫折实际上是件好事，因为她可以借此清楚地审视自我，关注自己情绪背后的深层原因，这样她就能直面问题，而不是一辈子逃避它。她戒了烟，也摆脱了之前一直借"道具"掩盖的缺乏社交能力的紧张感。

练习一：写日记

探索真正的自我的最佳方法就是写日记。你可以用便笺纸或电子文档记录每天的想法和经历，也可以专门买个日记本。你也可以用手机应用程序，程序中的提示性语言会鼓励你进行自我探索。在开始前，先回答以下十个问题：

1. 请写出你的五大优点：

- _____
- _____
- _____

- _____
- _____

2. 请写出你想克服的五大缺点:

- _____
- _____
- _____
- _____
- _____

3. 请写出你在生活中遇到的一次重大挑战,并说明你是如何战胜它的:

_____
_____
_____
_____
_____

4. 如果你能实现任何目标,你会完成哪件事?

_____
_____
_____
_____

5. 如果你知道自己不会失败，你会大胆地尝试什么挑战？

_____
_____
_____
_____

6. 你最喜欢做什么？

_____
_____
_____
_____

7. 请按重要程度列出你的价值观（比如，诚实、忠诚、独立）：

- _____
- _____
- _____
- _____
- _____

8. 你最看重朋友的哪些品质?
- _____
- _____
- _____
- _____
- _____

9. 你最害怕什么?
- _____
- _____
- _____
- _____
- _____

10. 请写出你人生中最美好的五个瞬间:
- _____
- _____
- _____
- _____
- _____

探险中的自我探索

要想真正了解自己，一种最好的方式就是探险，跳脱出自己的舒适区，尝试一些让你觉得颇具挑战性甚至有点儿害怕的事情。要知道，在你的智慧、力量和韧性达到极限之前，你永远不知道自己多么聪明、多么坚强、多么坚韧。此外，探险通常会让你接触到超越自己及所在生活圈层的东西，让你能够从不同的角度审视自己。

下面是一些让你走出舒适区的做法：

- 参加一场不熟悉的活动或前往一个陌生的场地。
- 独自前往一个语言不通的国家旅行。
- 做一些让你略微感到害怕的事情，比如跳伞或攀岩。
- 学习一门不熟悉的课程。
- 迎难而上，解决一个具有挑战性的问题。
- 结交新朋友。

练习二：给自己写讣告

想象一下，你是当地报纸的讣告专栏作家，就在你读到本书的这一节时，你收到了一封电子邮件，这封邮件写道，你在当天早上去世了！邮件中还附有编辑的简短说明，要求第二天一早刊登你的讣告。

在下方提供的横线处，实事求是地写下自己的讣告，生平截止到当前。尽可能多花些时间完成它。注意，在写完之前，你不要继续阅读下一章。我真的希望你认真思考一番。用一个小时、几个小时、一天甚至更长的时间来真正思考一下你迄今为止取得了哪些成就——任何方面都可以。如果本书预留的空间不够，你可以多加几页纸。

讣告

（如果空间不够，可另附纸张）

_____
_____
_____
_____
_____
_____
_____

_____
_____
_____
_____
_____
_____
_____
_____
_____
_____

注：如果你很满意自己的讣告，那说明你已经为未来打好了坚实的基础。如果你发现你希望为人类做出比现在更大的贡献，那么接下来的练习将帮助你做出适当的调整，并设定更符合你真正理想的目标。

今天是你余生的第一天。在进入下一章之前，我希望你本着这种精神再做一件事。请你计算一下自己的预期寿命。这不仅事关你的寿命长短，也同你的生活质量息息相关。在下一章中，你将了解为什么要做这些练习，以及我的方法如何帮助你掌控自己的生活，创造你所期望的未来。你将真正进入脑力提升计划的核心部分，见证脑力的全面释放。

练习三：个人预期寿命问卷

左右脑的平衡、饮食、运动量、人际关系、压力程度、健康习惯以及整体的健康管理都会影响你的生活质量和寿命。现在，你已经审视了当前的自己，也就是你已经成为的那个人，那么请完成下面的问卷，看看你大概还有多少时间去成为你想成为的那个人，过上你所设想的生活。

估算预期寿命

越来越多的心理学家和生理学家认为，我们很多人天生就能活到 85~120 岁。经过多年的长寿研究，我们已经可以通过问卷调查的形式给出一般性的指导意见，让你大致算出自己还能活多久。

首先，在下面的基本预期寿命表中查找自己当前的年龄，根据保险精算师提供的数字估算出你的基本预期寿命。然后，回答表格后面的问题，在基本预期寿命的基础上做加减。请翻到后面的"寿命问卷表格"，记录相关数据并进行计算。

请记住一点：女性的预期寿命大约比男性长三年。因此，女性需要先增加三年。

基本预期寿命

要估算你的预期寿命,先从基本预期寿命开始。在下面的表格中查找你当前的年龄,圈出与你年龄相对应的基本预期寿命,并将其记录在后面的"寿命问卷表格"中。接下来,回答一系列问题,并在"寿命问卷表格"中记下每个问题需要加上或减去的时间。

表 5-1 基本预期寿命表

当前年龄 (岁)	预期寿命 (岁,估)	当前年龄 (岁)	预期寿命 (岁,估)	当前年龄 (岁)	预期寿命 (岁,估)
15	70.7	39	72.4	63	77.3
16	70.8	40	72.5	64	77.7
17	70.8	41	72.6	65	78.1
18	70.8	42	72.7	66	78.4
19	70.9	43	72.8	67	78.9
20	71.1	44	72.9	68	79.3
21	71.1	45	73.0	69	79.7
22	71.2	46	73.2	70	80.2
23	71.3	47	73.3	71	80.7
24	71.3	48	73.5	72	81.2
25	71.4	49	73.6	73	81.7
26	71.5	50	73.8	74	82.2
27	71.6	51	74.0	75	82.8
28	71.6	52	74.2	76	83.3
29	71.7	53	74.4	77	83.9
30	71.8	54	74.7	78	84.5
31	71.8	55	74.9	79	85.1

续表

当前年龄（岁）	预期寿命（岁,估）	当前年龄（岁）	预期寿命（岁,估）	当前年龄（岁）	预期寿命（岁,估）
32	71.9	56	75.1	80	85.7
33	72.0	57	75.4	81	86.3
34	72.0	58	75.5	82	87.0
35	72.1	59	76.0	83	87.6
36	72.2	60	76.3	84	88.2
37	72.2	61	76.6		
38	72.3	62	77.0		

与寿命相关的问题

1. 你的祖父或祖母活到 80 岁及以上，加 1 年；活到 70 岁以上，加 0.5 年。如果两人都达到标准，加两次。

2. 如果你的母亲活过 80 岁，加 4 年；如果你的父亲也活过 80 岁，再加 2 年。

3. 如果你的智力高于平均水平，加 2 年。

4. 如果你吸烟，每天超过 40 支，减 12 年；每天吸 20~40 支，减 7 年；每天吸烟少于 20 支，减 2 年。

5. 如果你每周做爱 1~2 次，加 2 年。

6. 如果你每年进行一次全面体检，加 2 年。

7. 如果你超重，减 2 年。

8. 如果你每天晚上的睡眠时间超过 10 小时或少于 5 小时，减 2 年。

9. 饮酒：每周 3 次，每次一杯威士忌、半瓶葡萄酒或 4 杯

第五章 认识你自己：自我探索

啤酒，这属于适度饮酒，加3年。轻度饮酒者，即每周饮酒很少的人，加1.5年。如果你完全不喝酒，不需要加减。重度饮酒者或酗酒者，减8年。

10. 运动：每周3次，可以是跑步、骑自行车、游泳、快走、跳舞或滑冰，加3年。周末散步或其他偶尔的轻度运动不算在内。

11. 比起油脂较高的食物，你更喜欢清淡的食物、蔬菜和水果吗？如果你的答案是肯定的，并且能够在吃饱之前控制饮食，加1年。

12. 如果你经常生病，减5年。

13. 学历：如果你是研究生，加3年；如果你获得学士学位，加2年；如果你是高中学历，加1年；如果你念到高一或以下，不加不减。

14. 工作：如果你是专业人员，加1.5年；如果你是技术、管理、行政和农业工作者，加1年；如果你是业主、文员和销售人员，不加不减；如果你是半熟练工人，减0.5年；如果你是工人，减4年。如果你不是工人，但工作涉及大量体力劳动，加2年；如果你是久坐的上班族，减2年。

15. 如果你住在城市或城镇，或一生中大部分时间都住在城里，减1年。如果你大部分时间在农村度过，加1年。

16. 如果你有一两个知心朋友，可以向他们倾诉一切，加1年。

17. 如果你能定期休息并享受轻松的时光，加2年。

表 5-2　寿命问卷表格

基本预期寿命（数据来自上一个表格）：_____

	减	加
1.		
2.		
3.		
4.		
5.		
6.		
7.		
8.		
9.		
10.		
11.		
12.		
13.		
14.		
15.		
16.		
17.		

总计：**基本预期寿命**：_____
　　　 − 需要减去的时间：_____
　　　 + 需要加上的时间：_____
　　　 = 实际预期寿命：_____

第五章　认识你自己：自我探索

实现健康长寿、快乐生活的 14 个秘诀

你的预期寿命并非命中注定。从 14 世纪初到 19 世纪初，欧洲人的预期寿命徘徊在三四十岁。由于医疗保健、卫生设施、免疫接种、清洁自来水的使用以及营养状况的改善，目前大多数工业国家的预期寿命都在 75 岁左右。

你可以采取一些措施让自己延年益寿。下面是你可以采取的 14 种延长预期寿命的方法。

1. 通过同时使用左右脑并增加词汇量来提高智力。心算就是同时使用左右脑的一种方法。扩充词汇量也能同时调动左脑和右脑。

2. 如果你吸烟（包括电子烟），请立即戒烟或减少吸烟次数，以改善你的身心健康。别忘了，氧气对大脑的健康和功能至关重要。吸烟不仅会减少流向大脑的氧气，还会让大脑接触到毒素。

3. 保持健康的体重，一般尽量维持在平均体重的中低线，但不要过于纠结这个数字。如果你肌肉发达，达到平均体重的高线，那也没关系。你可以在网上找到标准身高体重对照表。

4. 吃天然食物，以植物性食物为主，这种食物可以促进消化、血液循环、营养摄入和认知功能。不要摄入糖和人造甜味剂、甜食（包括含糖饮料）和单一碳水化合物（如薯片、面包、烘焙食品和饼干中的碳水化合物）。

5. 每天晚上保证 7~8 小时的优质睡眠。如果醒来后你觉得

没有休息好,说明你睡眠不足,或者睡眠质量不佳。

6. 尽量每天至少运动 30 分钟,交替进行心血管锻炼和负重或阻力训练。

7. 安排做爱时间。做爱似乎是亲密关系中自然而然的一部分,所以很多人都会忽视它,他们不会有意识地将做爱纳入每天或每周的活动。将做爱纳入日程表可能显得过于刻板,但它是一种将爱、关怀和运动完美地结合在一起的独特的活动。

8. 喝纯净水,不加糖的咖啡和茶也可以。可以适量饮酒,适量饮酒是指每周最多喝 4 次酒,每次一小杯烈性酒、半瓶葡萄酒或 4 杯啤酒。

9. 定期体检。生病时,咨询医生如何在治疗过程中用最少的药达到治疗效果,并与医生密切交流,每隔 6~12 个月复查一次用药情况。

10. 活到老,学到老。始终处于学习的过程中:可以学习一门学科、学习演奏一种乐器、学习一种语言,也可以锻炼自己的爱好或创业。这样做的目的是不断挑战大脑。

11. 确保你的工作合理地平衡了脑力和体力活动。

12. 亲近大自然,这对右脑和肺都有好处。

13. 至少有一个亲密的朋友,并保持活跃的社交生活。

14. 放松心情,参与娱乐活动,尽情享受生活。

预测未来的最好方法就是创造未来。

——亚伯拉罕·林肯

第六章
管理好自己的生活

在上一章，你已经进行了自我探索，其目的是让你对自己有一个认知，以确定你是否为未来打好了基础，同时弄清楚你的人生大概还剩多少时间来实现自己的目标。

如果你非常满意自己的现状和迄今为止所取得的成就（不仅是工作，还包括人际关系、爱情以及对社会的贡献），或许你可以跳过这一章。不过，你可能还是想继续读下去，以免错过有用的信息。

脑力提升计划进行至此，想必你已经清楚，人类的信息处理能力比任何计算机都要好、都要快，而且你也知道，人类可以大幅提高这些能力，使其远远超过现有水平。你已经对自己的能力有了基本的了解，包括逻辑、数字、顺序、排序和其他储存在大脑皮质中的心智技能。现在，你已经明晰了自己梦想的爱好，还知道这些爱好是在告诉你，你具有什么样的能力。你正走在大幅提高记忆力的道路上，你即将学习如何管理生活——这是信息管理的一项关键技能。

当然，你很有可能对自己的生活并不完全满意，你的成就还没有达到之前的期望。根据你在预期寿命问卷中的答案和计算，你大致知道自己还有多长时间来扭转局面，并在实现自我价值方面取得重大进展。也许你还有10年、20年甚至50年的时间。即使只有10年甚至更短的时间，也足以让你做出改变。在本章，你将开始学习如何掌控自己的人生。

安排生活

你肯定听过"贪多嚼不烂"这句话。其实，我们大多数人都是如此。我们承担了太多的工作、付出了太多的努力，因此感到心力交瘁，不堪重负，最终影响了自己的表现。要想在生活和自我实现上达到平衡，我们需要把目标、责任和愿望分解成更容易管理的部分。我在第四章谈到了"分块"这个话题。你可以通过分块的方式提高记忆力，同样，你也可以把生活拆解成不同的部分，并按优先顺序排列它们，从而提高管理生活的能力。

为了达到最佳的记忆效果，我们一次最多将信息分成七个部分。如果超过七个，记忆效果就会开始下降。如果你一次要记太多东西，这就会埋下失败的伏笔。同样，为了掌控自己的生活，我建议你最多将自己的兴趣和活动分为七大类，从而充分利用大脑的自然倾向和能力。井井有条会带给你自由，杂乱无章会牢牢地束缚你。

你可以根据自己的生活、目标和愿望进行类别的划分。每个人划分的类别都是独一无二的，划分结果反映的是他们个人及其所渴望的生活。你列出的项目可能远不止七个，但你需要进行整合，最多列出七大类。下面举一些前人的划分例子：

- 生活质量
- 家庭
- 家人
- 工作
- 事业
- 爱好
- 放松
- 创造力
- 旅行
- 娱乐
- 自我提高
- 读书和学习
- 社区
- 宠物
- 环境
- 写作
- 娱乐
- 文化
- 社会生活
- 学习
- 法律
- 家务
- 情绪稳定
- 感官和性
- 财务
- 账目
- 营养与食物
- 体育和娱乐活动

在阅读本章的过程中，你会有很多事情需要思考。你已经估算出自己的预期寿命，并开始考虑将自己的生活分为不同部

第六章 管理好自己的生活

分。无论你现在风华正茂，还是垂垂老矣，活着的时间都是有限的。如何支配这些时间完全取决于你自己。只要多花几个小时来了解本章介绍的信息管理和信息处理系统，安排好自己的生活，你就能找到如何活出精彩人生的奥秘。

练习一：按重要性排序

在下面的表格中，按重要性依次填上你所列出的七大类。假设你 100% 的时间都可以投给它们，请你写出每个类别所占的理想百分比，即理想的情况下你希望投入该类别的时间比例。然后，在最后一栏写上你在现实生活中平均投入的时间比例。我认为，生活中有三大方面是必不可少的，即爱和关怀、自我发展、财务管理。你可以从这三点开始，再加上自己想到的其他四项。

在思考过程中，你可以随时翻看我上面列举的其他人的分类示例。如果你想出不止七个类别，可以尝试对其进行整合。例如，如果列表中包括饮食、跑步、重量训练，可以考虑将它们统一成"健康与健身"。

不要担心选错了。别人视若珍宝的东西，你可能弃若敝屣。以我为例，我最开始列了七项，后来改为四项。我还调整过一次顺序，将"法律和金融"从第七位移到了第五位，因为我意识到自己没有给予这方面足够的重视。有一次，我把"家人"和"朋友"这两项合为一项,因为我发现他们都是我所爱之人。还有一次,我划掉了"项目"这一项,因为我意识到每个项目都可以被归入其他类别。随着时间的推移,你会不断改进自己的分类,要给予自己发挥创造力和灵活变通的空间。

你会发现,最终的选择对你来说更加重要。

现在,想一想你准备把生活分为哪七大类,并将其按重要性排序,写在下表中。接下来,请为每一类分配你希望为之花费的时间百分比。然后,在最后一栏中写上你实际投入的时间百分比。

	类别	理想时间(%)	实际时间(%)
1.			
2.			
3.			
4.			
5.			
6.			
7.			

最后,将理想与现实进行比较,在下表的最后一栏注明百分比差额。举个例子,如果你希望把 40% 的时间分配给"家

人和朋友"，而实际只投入了 10%，那么差值就是 30%。

	类别	理想时间（%）	实际时间（%）	差额（%）
1.				
2.				
3.				
4.				
5.				
6.				
7.				

你可能会注意到，你想花在某些事情上的时间比例与实际情况存在很大差异。那些理想与实际差距最大的地方，往往是你遇到困难最多的地方。如果落差极大，你也不要气馁。大脑是一个能够进行自我修正的器官，它如果知道自己偏离了目标，就会重新调整方向。记住，与潜意识层面相比，大脑在意识层面上能更高效地发挥作用。

这个练习的目的是检验你的现实生活与理想生活之间的差异，从而鼓励你改变模式，使现实生活更接近理想生活，更接近你为自己设想的那种生活。

练习二：周密部署

现在，进入自我管理过程的最后一步，根据你列出的类别做更为周密的部署。虽然你需要花费一些时间和精力，但你一定会收获丰厚的回报。在这一步，你要把每个大类分为七部分。就人们能够有效处理的事情而言，"七"是一个神奇的数字。细分的七个部分如下：

1. 图片

每一个大类，都要放一张相应的图片，这一点至关重要。你可以自己画，也可以从相册中选一张，还可以从书或杂志上剪一幅。这张图片就是相关主题的一个缩影。比如，如果有一个类别是"自我发展"，你可以选一幅与家人共度美好时光或锻炼身体的图片。

这张图片用于激发右脑的想象力，给你一种心理定势，让懂得自我修正的大脑不断瞄准理想目标。许多伟大的成功人士都用过这种方法，比如阿尔伯特·爱因斯坦、约翰·D. 洛克菲勒、亨利·福特、穆罕默德·阿里、比约恩·博格、西奥多·罗斯福、威尔伯·莱特、伍德罗·威尔逊、亚历山大·格雷厄姆·贝尔和加里·普莱尔。每当看到这幅图片，你都会心感愉悦，这会使你的大脑更积极地联想到你希望实现的目标。

最好自己动手画，因为这会让你的思维网络更加活跃。随着时间的推移，你的大脑会鼓励你改进这幅图画，这会提高你的艺术技能——调动你的右脑，从而促进你的全面发展。

有空的时候，翻到"第一大类"的图片页进行画图，其他六类按此复制，给每一类画好图片。图片页之外的其他页面，也如此操作。

2. 细分

给每个类别准备好相应的图片，下一步是将其划分为七个或更少的子类。例如，"自我发展"可以细分为扩展词汇量、读书、看戏、背诵名言、演奏乐器以及锻炼沟通或演讲技巧。

有些人会在这一步表示抗议，他们声称自己做不到，因为每一块都有太多事情需要完成。如果你也这么觉得，那很可能意味着时间正从你身边溜走。事实上，如果细分的类目超过七项，一般人根本没有那么多时间一一完成它们。你必须选择自己最想做的事情。

3. 主要目标

接下来，写出每一大类你想要完成的主要目标，可以用图片的形式呈现，也可以按优先顺序拟定。粗略估计一下达成该目标的日期，写在旁边。我还没有见过谁能做出百分之百正确的估算。就像上文的时间分配一样，重要的是开始向理想迈进，让大脑利用试错机制引领你走向目标。

4. 具体目标和日期

在每个大类的第 4 页上，按时间顺序列出你希望实现的特定目标。这样一来，你便可以在接下来的一年检验自己的进展。

未能实现所有的近期目标并不是什么大不了的事，实际上，这颇为常见。当你未能实现既定目标时，你需要重新评估，然后设定一个更现实的日期或更现实的目标。在某些情况下，因为时间的紧迫性和生活的变化，你可能需要放弃某些目标。

当你设计这页内容时，请牢记，这是你的生活，你可以按照自己的意愿来安排。你的理想生活与别人截然不同。比如，如果某些行为会缩短你的预期寿命，而你明知故犯，那么这是你的个人选择，并非你"必须做"或"必须不能做"的事情。

还要注意，你第一次做的细分、排序和目标设定都只代表最开始的状态。慢慢地，你的生活性质和基调会发生变化，你对各个部分的重视程度也会随之改变。有些事情会变得不那么重要，甚至从列表中消失；而有些目前还不存在的事情可能会突然闯入你的生活，甚至主宰你的生活。

第一大类

图片页

其他六类以此页为模板制作

第一大类
细分

其他六类以此页为模板制作

第一大类

主要目标

其他六类以此页为模板制作

第一大类
具体目标和日期

目标	达成日期

其他六类以此页为模板制作

自我财务管理

在每个人的生活中，财务管理都是一个很重要的类别。无论你多富有，你都需要管理好自己的收入和支出，确保现金流为正。你当然也希望自己的净资产为正，也就是你的总资产大于总负债。净资产相当于储备金，当支出意外超过收入时，你可以从中支取资金。

作为自我发展的一部分，自我财务管理系统十分重要，其中包括净资产和现金流分析。你需要知道你的总资产减去总负债剩余多少（净资产），以及你每月的收入减去每月的花销剩余多少（现金流）。

令人惊讶的是，最近一项调查发现，95%的人并未认真研究自己的财务资源及其流向。不过，如果他们用心分析自己的财务状况，他们会大幅减轻自己的压力，不再为金钱担忧，原先用在这方面的精力可以另作他用。掌握好自己的财务状况，将脑力有效地应用到个人财务管理中，这一点至关重要。

练习三：净资产分析

净资产反映了你的财务情况。它会告诉你，如果你卖掉所有资产并还清所有债务，手里会剩下多少钱。净资产相当于你在财务管理方面取得的成绩。随着财富的积累，你的净资产会在早年稳步增长。退休后，你的净资产往往会减少，因为随着工作收入的降低，你更多地依靠储蓄生活——用前半生的劳动成果充分享受剩下的黄金岁月。

不过，你的净资产在晚年并不一定会下降。许多人退休后仍能通过其他工作、名下的企业或投资继续赚取可观的收入。

在申请贷款（比如房屋抵押贷款）时，净资产十分重要。潜在的贷款人希望看到，你的收入在因某种原因中断时，你有足够的净资产（抵押品）来偿还贷款。净资产也是一笔积蓄，当你意外失去收入或发生额外支出时，你可以从中支取资金。

资产：要计算净资产，首先要把你所有的储蓄和投资账户中的资金加起来，再加上你拥有的任何有价值的东西，比如房子、汽车、船、珠宝、艺术品、家具、工具等。你需要回答的问题是：如果卖掉自己拥有的一切，你会有多少钱？

负债：接下来，列出所有债务，包括房贷、车贷、信用卡贷款和任何其他贷款的欠款余额，把它们加起来。

表 6-1 我的资产

所有物	价值
	总计

表 6-2 我的负债

负债	数额
	总计

知道了自己拥有多少资产和负债，计算净资产就很容易了。只需将数字输入下面的公式进行计算即可：

资产 − 负债 = 净资产

练习四：现金流分析

现金流分析是企业的常规做法，目的是确保企业盈利，即销售收入多于支出。管理现金流对个人来说也很重要，它可以确保你不会无钱可用，也不会欠下超过实际月供能力的债务。

计算现金流很简单，公式如下：

收入 − 支出 = 现金流

要分析现金流，请填写下一页的现金流预测表。在表格的上半部分，填上每个月的所有收入。如果你有一份固定工作，知道每月会有 5 000 美元的工资，那么你的任务就相当简单了。如果你有季节性收入，你可以将额外收入填在你肯定会工作的那几个月。如果你在生日或周年纪念日会收到红包，请将这些金额填入相应的月份。切记，哪个月会有进项，就填在哪个月。在最右边的"合计"一栏，计入银行余额、大额存单或其他投资。每一栏进行相加。

计算支出也是一样，包括每月的燃气费和电费、房租或按揭付款、汽车分期付款、食品杂货、燃料、旅行费用、度假以及你在其他方面的一切开销。

表 6-3 现金流预测

月份	1月	2月	3月	4月	5月
收入来源					
本期收入总和					
期初银行存款余额（A）					
总计（B）					
支出					
本期支出总和					
期初银行贷款余额（C）					
总计（D）					
B 与 D 之差					

时间：_____-_____

6月	7月	8月	9月	10月	11月	12月	合计

将支出合计后，用每栏的总收入减去总支出，就能得出每月月底的余额。如果剩余金额为正，说明你有盈余，现金流为正。如果剩余金额为负，说明你的现金流为负（支出多于收入），这通常是你需要勒紧裤腰带的信号。

现金流分析可以帮助你做出关键性决策，比如如何花钱、何时花钱以及何时何地削减开支。现金流预测还能告诉你可以在哪些时间段多花一些钱来实现多种生活目标，包括享受生活。

现金流分析的实际用途

进行现金流预测确实可以改善生活。例如，我的一位朋友每月的固定收入约为 4 000 美元，他觉得这是他的最低生活标准了。最近，他恰巧有机会和朋友一起去欧洲旅行一年，而所有预算只有 1.4 万美元。我的这位朋友向来不善于理财，一辈子都没做过财务规划，但此时的情况迫使他不得不这样做，结果他成了他们两人的财务主管。他会计算每周和每月的预算，确定基本开支，并做好严格控制。可以说，银行警卫在保护钱财方面都没有他做得周全。

令我朋友惊讶的是，严格控制预算并不难。事实上，他有好几周的实际花销都在预算之内。当开支低于预算时，他们会在高级餐厅吃顿特别的大餐犒劳自己。当发现花销过大时，他们会冻结开支，暂时不花钱，靠储备物资度日。有趣的是，许多最美好的经历都来自那些节衣缩食的日子。这是一次很好的财务管理和自我管理实践，给我朋友带来了出乎意料的收获。

意料之外的事情往往会带来意想不到的快乐。我有一位朋友去丹佛出差。她周日抵达，想提前为后续两天繁重的工作做好准备。可是，一场暴风雪突然来袭，雪似乎没有停下的迹象。道路无法通行，电话线中断，她被困在酒店里，没有办法联系家人、客户、公司同事或其他认识的人。

长话短说，她这辈子都没有那么开心过。酒店决定在恶劣的环境下尽力为顾客提供最好的服务，供应免费的餐食，酒吧也会在接下来的 48 小时一直开放，有一支乐队也被困在酒店里，他们的演出似乎没有停过。在酒店里，人们互相结识。顾客和酒店员工甚至组队打起了雪仗。这件事告诉我们，每个人其实都能取得平衡。

完全让左脑主宰生活的人很少会遇到这样的偶然事件。他们往往把时间安排得过于紧凑，生活因此变得单调乏味，与应有的状态背道而驰。你如果恰好是需要严格安排日程的那类人，那么请像我们在前文提出的"缓冲区"概念一样，给自己安排一些没有任何计划的自由时间。你必须让大脑拥有自由的时间，这样它才能发挥出让你受益的功能。

这一节其实就是大脑的一次自由活动。我们一开始讨论了现金流分析，不知怎么就聊到了花很少的钱游历欧洲、享受开放的酒吧、与其他旅客打雪仗。这些讨论充满了偶然性，不是吗？

事实上，只要不迷失方向，换一条路走也不错。目前，我们的重点是个人财务管理。当你做好财务管控后，你可能会发现自己还有余钱。当你知道有钱可用时，你可以做些消费或投资规划，或者干脆花掉这些"意外之财"。

投资的基本知识

金融专家开发了很多系统课程，并撰写了不少投资方面的书籍，从基础知识到高级策略和技巧，内容可谓包罗万象。在本书中，我不可能一一提及，但我建议你可以根据不同的风险等级进行下面这三种不同的投资：

- 把钱存进银行账户或其他低风险账户，你可以快速取用这部分储蓄，以应对意外支出和紧急情况。可以将其视为储备资金。
- 进行低风险投资，比如债券。
- 进行高风险投资，比如股票。要记住，你愿意用这笔钱追求可观回报而承担较高的风险。

让科技为你所用

管理个人财务从未像现在这般简单。Quicken 等个人财务软件和数字交易的出现，让你可以轻松追踪各类收入和支出，并精确到每一分钱。如果你用信用卡支付大部分账单，你可以将交易记录自动下载到个人财务软件中，无须手动输入交易信息。不过，你可能需要对交易进行分类，比如食品杂货、汽油、外出就餐等。

大多数个人财务软件还可以利用交易数据为你生成各种报告，包括净资产、现金流、预算等。

此外，Experian 等征信机构可以为你提供信用报告和信用评分。你可以努力提高自己的征信等级，因为这会影响你的借贷资质、借贷利率，甚至可能影响保费。还有一些手机应用程序可用于管理个人财务，监控并提高个人信用评分。

有效应对财务上的负面消息

从表面上看，关注财务问题似乎是明智之举，但如果你的财务状况不佳呢？如果你发现银行正打算取消你的抵押品赎回权、收回你名下的汽车或针对你的财产提起诉讼，你的压力很可能会因此剧增，整体幸福感也会随之降低。换句话说，此时关注财务状况好像对大脑没有什么好处。

其实，我们要做的就是解决问题。对很多人而言，财务管理是生活中最容易产生恐惧和压力的因素之一。即使是聪明、健康、有趣的人，也会因为一个非常简单的原因陷入财务困境，那就是他们不愿正视事实。或者说，他们单纯地期待财务问题会自行迎刃而解；每当账单堆积如山时，他们总是置之不理。

如果你曾经有经济拮据的经历，你就会知道，忽视问题永远无济于事。问题一直在那里，你的压力却在持续增加。你不知道自己是否能够还清账单，并且因为陷入这种境地而感到不安。你还生活在恐惧中，害怕发生什么需要一大笔钱的事情。

我还想说一点，各个层级的人都可能被这种恐惧笼罩。收入可观的高净值人群由于自我财务管理不善而突然遭遇财务危机的情况并不少见。我的一位朋友就遇到过这种情况。他是一家大公司的总裁。一天早上，他接到上大学的儿子打来的电话。儿子焦急万分，学校通知他，他的父亲没有为他缴纳学费和其他费用，在费用交清之前，学校不允许他去上课。

我的朋友有能力凑齐这笔钱，交上费用，但突然被迫拿出几千美元支付一笔意外费用，这对他来说是一个财务上的打击，而且让他很尴尬。尽管他是一家公司的总裁，但他从未做过个人预算规划。你可以想象他飙升的压力，因为他担心将来可能会再次发生这种情况，遭受意想不到的财务打击。

练习五：时间管理

管理生活并不仅仅是理财，还包括有效和高效的时间管理。我们大多数人都在徒劳无益的事情上浪费了大量时间，最终还没能获得满足感。我们花了太多时间在电视和社交媒体上。我们时刻把玩手机，完全忽略了周围精彩的现实世界，脱离了真实的生活体验和冒险经历。

要想知道自己浪费了多少时间，请在接下来的一周记录一下你把时间都花在了哪里。看看你有多少时间花在工作、自我发展和其他有成效、有意义的事情上，又有多少时间浪费在看电视、发信息、玩电子游戏上。你可以用下页的表格记录自己的时间分配，也可以根据自己的实际情况修改表格。

这项练习的目的是了解你能否腾出时间去做更有成效、更有价值的事情。如果你在休闲和娱乐上花费了大量时间，但鲜有时间与家人和朋友相处，那么你的生活可能需要解决失衡的问题。

表 6-4　时间分配表

项目	周一	周二	周三
工作			
睡觉			
个人护理			
家务			
学习/做作业			
志愿服务			
运动/娱乐			
做饭/用餐			
休闲			
阅读			
购物			
通勤			
与家人/朋友相处			

周四	周五	周六	周日

第六章 管理好自己的生活

在剧变时代,善于学习的人将接管未来。

——埃里克·霍弗

第七章
学会如何学习

　　我们都以为学习是自然而然的事。毕竟，我们生来就有学习爬行、走路和说话的欲望，而且我们在没有接受任何正规教育或培训的情况下就学会了这些复杂的技能。然而，我们在学习数学、拼写、英语语法、科学、历史或其他学科和技能时，往往会觉得挑战性很大。甚至在职业生涯和商业社会中，我们都觉得很难应对持续不断的信息洪流。但是，我们当下生活在信息时代，学习和处理信息的能力已经成为一种生存技能。

　　为了在商业社会中保持竞争力，为了过好个人生活，为了尽情享受身边的一切，我们在学习上面临着诸多挑战，因此我们需要找到更好的学习方法。

　　我将在本章中介绍一些常见的学习障碍，提供克服这些障碍的指导，并展示几种练习方法，帮助你优化与生俱来的学习能力。

不愿学习

学习的最大障碍是不情愿。为了说明这一点,我与大家分享一个不愿学习的人的故事。故事的主人公可以是一个即将面临大考的学生,也可以是一个需要为即将到来的重要会议或报告准备材料的商务人士。看看下面的描述像不像你认识的某个人。

傍晚6点左右,我们这位踌躇满志的先生——你可能对这样的人再熟悉不过了——坐在书桌前,为接下来的复习工作做好了一切准备。他把文件按顺序整理摆放妥当,把钢笔、铅笔和橡皮排成一排,把收音机的音量调到最低,调整书本,一切井然有序。

现在,一切准备就绪,他又整理了一遍。调调这儿,调调那儿,又整理一遍文件,重新摆放文具,把台灯挪到一个稍微好一点儿的位置。在整个拖延过程中,他想起来自己还没看完早上的报纸。在读报纸的时候,他突然发现有篇文章比早上初读时有趣多了。他心想:"最好读完这篇文章,放松一下大脑,这样我一会儿就能集中精力学习了。"

就在快要读完文章的时候,他禁不住又瞟了几眼遗漏的一些有趣的内容。他在娱乐版看到一个电视节目的消息,他认为需要看一下这个节目,因为如果晚上要学习,就需要调剂一下。节目7点开始,离现在还有15分钟,所以没必要开始看书。并且,在上紧发条投入学习之前,也是需要休息和放松的。他想先看15分钟节目，再开始学习。到7点15分时，他已经完全沉浸在节目中，于是一直看到8点结束。

当我们这位踌躇满志的先生回到书桌前时，他再次做出惊人之举。他打开书，又想起要打个电话，和比尔计划周五晚上去看篮球比赛的事宜。如果不马上打电话，他们可能就订不到票了。恰好，除了篮球比赛，比尔还有很多话要说。就像报纸和电视节目一样，这通电话比预想中有趣得多。

最后，八点半了，他坐在书桌前做好准备，开始看书，这次他铆足了干劲。他用手指翻动书页，把书翻到第一页，读了起来。你猜怎么着，他觉得肚子有点儿饿，口还有点儿渴。根据经验，他知道如果不马上填饱肚子，他将无法集中精力。

于是，他走进厨房，打开冰箱，里面应有尽有。他先吃了最想吃的，抵挡不住美食的诱惑，又一种接一种吃了其他食物。在不知不觉中，夜宵变成了一顿大餐。不过，至少他心满意足了。现在，他回到书桌前，坚信自己已经准备好面对手头的重要任务，而此时已经十点半了。他有点儿内疚，决定学习到半夜十二点或十二点半。

他再次翻开第一页，又读了一遍第一句话，但他发现，本该供应给大脑的能量现在都集中在胃部。他觉得有点儿疲乏。不如看看十点半那个自己最喜欢的节目，顺便消化胃里堆积的食物，这样就能真正投入学习了。午夜时分，他在电视机前酣然入睡。

当有人把他叫醒并让他去床上睡觉时，他会有什么反应

第七章　学会如何学习

呢？他可能会觉得，虽然自己没有完成学习任务，但他确实做好了准备。他让自己得到了放松和休息，填饱了肚子，看了电视，还做好了观看篮球比赛的计划。好吧，明天晚上六点，一定开始学习。

这个故事听着耳熟吗？我们都有过类似的经历，都这样做过。但说到学习，我们有一种更好、更有效的方法。

害怕学习

我们每个人都很熟悉这个不愿学习的人的故事。一方面，它很有意思。另一方面，它也说明了我们在给自己不愿意做的事情找理由时能够迸发出多么强大的创造力。我们可以为不努力学习找到各式各样的借口，比如那句颇具代表性的"我的作业被小狗吃了"。

我们在寻找托词方面的创造力说明，我们在其他方面同样可以别出心裁。不过，我们对上述情况的熟知也很令人沮丧，因为它说明我们很多人一谈到和学习有关的事情就感到害怕。我故意用了"害怕"一词。问题不只在于不喜欢看教材和报告，还在于恐惧。

这种害怕可以追溯到学校给我们发教材的时候。我们深知教材比我们喜欢看的故事书要难得多。我们知道它意味着学习，我们还要参加关于书中内容的考试。我们永远无法完全克服这种恐惧。事实上，考试的威胁会彻底破坏大脑在特定条件下的工作能力。很多患考试焦虑症的人在考试时大脑会一片空白，即使他们对考题非常熟悉。我听说过一个学生的故事，她在一次考试中惊恐发作，萎靡不振，什么都记不起来了。可一离开考场，她又记起来所有的内容了。

有记录显示，一些聪明的孩子在两个小时的考试中奋笔疾书，他们自以为在回答问题，实际上只是在反复书写自己的名字或其他某个词。这就是害怕，或者用个更恰当的词，恐惧。他们觉得，如果学习成绩不佳，包括老师、同学和父母在内的所有人都会认为他们很笨，他们会因此感到羞愧难堪。于是，他们可能开始怀疑自己不够聪明，无法应对考试。

但孩子们很聪明。他们想方设法避免因学习成绩不佳而带来的心理和精神痛苦。事实上，很多学生学会了如何通过不学习来避免失败可能带来的后果。如果不学习，成绩不好又能怎样？谁会对那些愚蠢的内容感兴趣呢？逃避学习不仅不会对他们的自尊造成威胁，还让他们有了解释自己失败的理由，而其他同学对此的反应也起到了强化作用。面对这种令人害怕的情况，他们表现出不寻常的勇敢，由此成了英雄。换句话说，一个逃避学习的孩子会受到大家的崇拜，因为他敢于面对其他孩子都有的那种恐惧。这就是这些孩子经常被视为领袖的原因，他们因展现勇气而获得好处。

即使是强迫自己学习的人，也会模仿那些不学习的学生的行为。考试成绩在八九十分的孩子往往会用和不学习的孩子一样的借口来解释自己为什么没考到一百分。

第七章　学会如何学习

超级学霸的秘诀

在传统教育中，传递给孩子的信息是基于这样的假设：信息应从主体流向个体。从某种意义上说，信息被一股脑丢给了学生，学生应该吸收、学习并记住所有信息。最近关于大脑的发现表明，这并不是我们最佳的学习方式。我们把重点放在了信息而不是个体上，这是错误的，也是无效的。

当今社会，每个人都被信息淹没，难以想象信息量有多么庞大。可我们还要求人们用几百年来一直在用的过时技能来应对信息爆炸。我们必须做出改变。随着人类的进步，信息流动将急剧加速，如果我们要学会应对我们所需的知识和信息，我们就必须利用好大脑之中的东西，这一点我们现在清楚无疑。

我们必须扭转之前的顺序。我们必须利用我们与生俱来的学习、思考、记忆、回忆、创造、决策和解决问题的能力。我们需要把重点放在我们自己身上，然后用适合大脑的方式获取信息。

这就是信息管理变革的关键突破口。超级学霸并非一上来就学习各科知识，而是从学习如何思考、如何记忆、如何创造、如何解决问题开始。超级学霸先学会了如何学习。以《未来的冲击》遐迩闻名的阿尔文·托夫勒在《权力的转移》一书中提出，未来的文盲将不再是不识字的人，而是不知道如何学习的人。

传统的教学方法就像网格技术，包含一系列固定的步骤，无论哪门科目，都必须遵循这些步骤。实际上，有些教师建议学生将一篇难懂的文章读三遍，以确保他们完全理解，但他们从未指出阅读的重点是什么。读三遍也许有一定的用处，但前提是你要懂得变换阅读的方法，针对不同的目的采用不同的阅读方式。

你不可能用同样的方法学习所有东西。学习一篇文学评论文章和一篇高级微积分文章存在天壤之别。关键是要从个体出发，由内而外开展学习。换句话说，如果我想教你高级微积分，我不会一开始就把书本、公式、理论扔给你。我会从教你如何学习开始，教会你如何学习材料。你需要从内心开始学习。你必须知道阅读时眼睛是如何工作的。你必须能够记住并回忆起信息。你必须学习组织技能、解决问题的技巧，以及如何使用思维导图。

如今，每样东西都附有使用说明书，但我们并未给自己创造一份使用说明书。想一想，你的大脑如何才能最高效地运转？怎样才能提高效率？这就是我们这个脑力提升计划要为你解答的。它为地球上最复杂的器官——大脑——提供了一份使用和维护手册。

伟大的俄罗斯研究员彼得·阿诺欣博士研究了普通人大脑的信息处理能力。他写道，大脑的建模能力"十分强大，如果用正常大小的字体把它写出来，长度将超过1 050万千米。有了如此多的可能性，大脑仿佛琴键一般，可以演奏出无数不同的旋律，指挥无数的行为举止或智慧表达。目前不存在一个人,或者说历史上还没有哪个人,使用了整个大脑。我们认为脑力没有限度,它是无限的"。[1]

在我们的脑力提升计划中,一切都是为了消除学习中的枯燥感,让我们称为"超级计算机"的大脑完成它的使命。要达到超级信息处理器的水平,需要以下七个步骤:

1. 浏览。建立对学习内容整体上的感觉,看看内容是多是少。

2. 分配学习时间,划分学习内容。规定好时间和工作量,会提升舒适度和自信心。

3. 用思维导图画出学习内容的主题。思维导图可以帮你评估自己目前对某个主题的了解程度,或者你自认为的了解程度,这会让你更容易接受相关信息。

4. 提出问题,确定目标。准确地描述你想从中学习什么。

5. 略读。读一读每章的第一段和最后一段,查看图表和插图,浏览一下词汇表,看看有没有不熟悉的词。

---

[1] 阿诺欣说得没错。我们现在知道,大脑从科学上讲是无限的。

6. 深挖内文。阅读与你最相关的内容和你认为最重要的内容，跳过你已经知道的、不相关或不重要的内容。

7. 复习。重新读一遍你不清楚或忽略的内容。第四步中是否还有尚未得到解答的问题？你是否达到了自己明确列出的学习目标？

下面我们将对每个步骤进行更详细的说明。

第一步：浏览

学习最好从准备开始，这和选书的过程很相似。你可能会看看封面和封底、浏览腰封，由此了解故事情节。也许你会读读评论家和读者的评价，或者大致翻一翻。

你要决定这本书值不值得花钱购买，值不值得花时间阅读。

你在为研究项目选书时，是否就是这么选的？比如，一本管理学方面的书包含了大量理论，讲到了需求层次和其他复杂的人际关系。假如你的老板给你一本书，让你读完并做个总结。你可能会立刻投入其中，从头至尾读一遍。

对于一本内容复杂的书，花点儿时间大致了解一下主要内容更为重要。这样做可以让阅读变得更简单、更高效，同时也不那么枯燥。事实上，它还能让阅读变得有趣。如果你觉得这样说有些夸张，你在实际运用我将要教给你的技巧时就会明白。我相信，你会发现这套方法可以让阅读不再单调乏味，并消除阻碍你完成规定任务的主要障碍。对此，很多学过的人都深有体会。

不管是书、研究报告、白皮书，还是其他什么材料，都要花些时间对它有个直观的感受。内容是困难的还是容易的？你对主题有所了解吗？材料里面是否有有助于你理解的图表或插图？就文字内容而言，你需要知道多少？有没有摘要和索引？在不逐字阅读的情况下熟悉一下内容。

在阅读一本书之前，你先对其建立大致的了解，你的大脑会在此过程中构建一个基本框架，用以组织书中所呈现的信息。例如，目录是一本书的大纲，作者借此表达"这就是我认为重要的内容"。如果书中有关键主题的索引，它也反映了作者或编制索引的人所认为的最重要的内容。在许多方面，索引甚至比目录更能为读者提供指导，因为索引更详细地突出了关键词和概念。

成功案例

有一个牛津大学的学生花了四个月的时间苦读一份异常艰深的心理学文献。还剩五十页的时候，他告诉我，他"看不下去了"，因为庞大的信息量使他停滞不前。用他的话说，"虽然彼岸已近在咫尺"，可他"就要淹死了"。

> 事实证明，他之所以会遇到这样的问题，是因为他遵循的是传统的阅读方式：从第一页开始，循着页码一步一步艰难前行。虽然他快读完这本书了，但他不知道最后一章讲的是什么。你觉得这一章会是什么内容呢？它是全书的总结，包括所有的要点、重要的图表和公式，他真正需要知道的一切都在这里。
>
> 读完这一章，这个学生只要知道如何使用大脑，他预计可以节省至少70个小时的阅读时间，也许还有20个小时记笔记的时间，而且可以摆脱几个月的担忧和压力。他需要做的就是做好七步中的第一步。试想一下，如果他能遵循所有七个步骤，结果将会怎样！

第二步：分配学习时间，划分学习内容

只要采用"分而治之"的策略，你就可以大大减轻整体学习任务的压力。回想一下本章前面讲到的那个不愿意学习的人。如果他选择用45分钟读完12页内容，你觉得他的故事会有什么不同？他不会再为要读完一本200页的书感到害怕。其实，即使条件再好，一次性读完这么厚的一本书也是一项艰巨的任务。现在，他的任务是在不到一个小时的时间里读完12页，这就容易多了。

在面对一个看似艰巨的任务时，我们可以把时间和工作量进行分块处理，如此一来，效率将大大提升。分块是指，坐下来审慎思考投入多少时间完成项目，以及在这段时间里完成多少内容。

为什么这种方法比马上着手去做更有效？在你完成下面的练习后，我再回答这个问题。

练习一：图形识别

在每个数字旁边写下对应图形的名称（见图 7-1）。

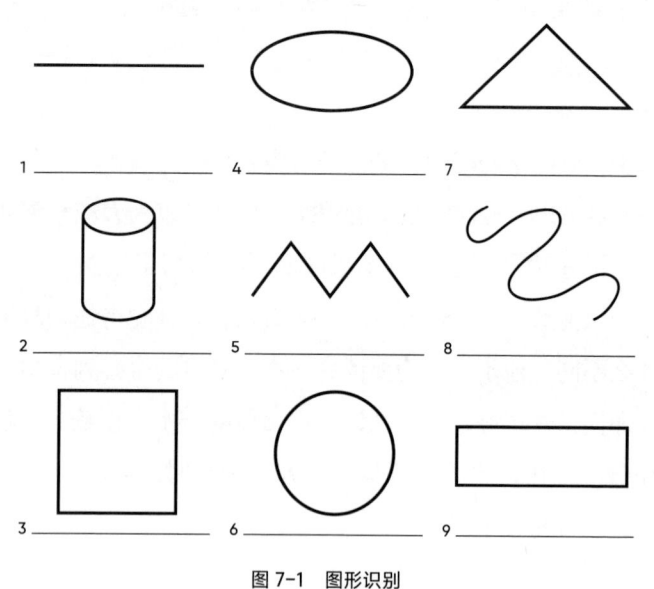

图 7-1 图形识别

格式塔心理学家认为，我们的大脑有一种追求事物结构完整性的倾向。例如，你可能会给"练习一"中的图形写下如下名称：直线、圆柱体、正方形、椭圆形或卵形、之字线或类似的线条名称、圆形、三角形、波浪线或弧线、长方形。但是，你注意到其中的圆形有什么不一样吗？

很多人认为这个圆是完整的。有人说它有缺口，但认为它本该是完整的。我们喜欢整齐划一的东西。

当我们设定在多长时间内看完多少页的目标时，我们就会看到一个节点。于是我们心中有了一个靶子。开始和结束之间有一种联系，这种联系鼓励我们完成任务，而不是偏离方向。

如果你在做讲座或发表演讲时采取下面的方法，听众的反响会更好：首先告诉他们你要讲什么，然后开始讲，最后总结一下你都讲了什么。此外，给自己的发言设定一个有限的时长，比如 45 分钟，并事先将这个信息告知听众，这样做也会对提升听众的接收效果有所帮助。通过这些方式，演讲者可以让听众为接下来的学习做好准备。有了指导方针和框架，每个人都能更好地处理新信息。

我会使用这样一种"物理隔绝法"，在我要看的内容前后分别夹一张大一点儿的纸，将这部分内容分隔开来。这样做有两个好处：

- 浏览一个章节比浏览整本书容易得多。你可以来回翻阅这个章节，而且寻找你要读的内容也不会花很长时间。

- 消除对未知的恐惧。根据具体的页数，你能明确地知道需要读完多少内容。你能看到它，感知到它。读整本书让人有些惧怕，分块学习则不会产生这种影响。这里有一种心态上的差异，效果也会因此迥然不同。

现在，假设你安排了两个小时的学习时间，在第二个小时结束时，你的状态极佳，一切都开始步入正轨。这时你会怎么做？是继续学习，还是休息一下？别忘了第一章所讲的"静息-活动周期"。即使取得了不错的进展，你也应该休息一下，让大脑有时间处理和整合信息。

第三步：用思维导图画出学习内容的主题

要想让大脑最有效地处理和整合信息，存储信息的结构必须尽可能简单。如果大脑主要以相互关联的整体方式处理关键信息，那么我们的笔记和语义关系也应采用这种方式，而非传统的线性方式。

笔记不应该从最上方开始，以逐句或清单的形式依次向下展开，而是应该从中心开始，从主旨出发，根据中心主题的各个观点向外延展。如图7-2图所示，这是一张以太空探索为主题的思维导图。

思维导图只是调动大脑皮质所有技能的一种工具。你可以像往常一样使用逻辑、文字、线条和列表，再加上图像、颜色、韵律和维度等右脑技能。现在，摆在你面前的不再是枯燥乏味的黑色线性列表，而是一幅色彩斑斓、图文并茂的多维思维导图。

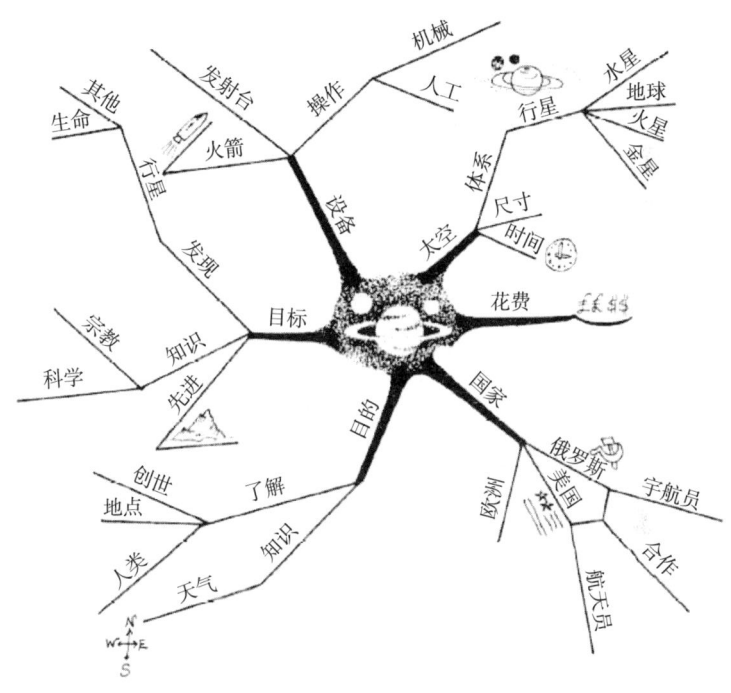

图 7-2　围绕中心主题和初步想法绘制的思维导图

与线性笔记相比，思维导图有以下诸多优势。

1. 使用颜色，有助于记忆和回忆。虽然上图是灰度图，但我强烈建议大家使用不同的颜色，包括中间的那幅图。

2. 使用图像，让右脑参与进来，增强记忆和回忆能力，包括揭示主旨的中心图。

3. 每个条目的重要性清晰可见。靠近中心的更重要，靠近边缘的则相对次要。

4. 通过位置和关联，重要概念之间的联系一目了然。

5. 出于上述原因，回忆和复习也将更加有效和迅速。

6. 思维导图的结构特点便于添加新信息，不会出现信息混乱或拥挤的情况。

7. 每张思维导图都是独一无二的，这可以增强记忆和回忆能力。

8. 如果把做笔记用在更具创造性的领域，比如写作文提纲，思维导图的开放性将使大脑更容易建立起新的关联。

思维导图可以调动整个大脑，帮助你在研修过程中不断学习，这是成为超级信息管理者和处理者的关键。

我将在第九章中更深入地讨论思维导图。现在，你只需要花 2~5 分钟了解它即可。在准备学习或阅读书籍时，用上思维导图可以帮你提高注意力，营造积极的心态，让你的大脑中充满与主题相关的重要信息，让你不会在无关材料上浪费时间。

通过这种方式，在真正开始阅读之前，你就会强迫自己探索你在相关主题上所知道的一切知识。这 2~5 分钟的时间能让你为接下来的学习做好准备。它能让你思考当前的主题，而不是晚上要看的电影或是想要通话的朋友。它能让你集中注意力。

如果你对这个主题一无所知，那么你就把你认为自己知道的东西画成思维导图。对错并不重要，重要的是你正在为正题热身，正在将大脑的联想能力集中在手头的任务上。

另一个好处是，当你把这项练习作为日常学习的一部分时，你的回忆能力会得到全方位的提高，因为你在定期盘点大脑所掌握的知识。你将能够从庞大的整体知识体系中即时获取你所需的信息。在会议、讨论会、学校或你所处的其他各种场合中，你将惊喜地发现自己能够有效提取存储在你那神奇大脑中的知识。

第四步：提出问题，确定目标

第四步可能会让你觉得奇怪。毕竟，如果连学习材料都还没读，怎么能提出问题和确定学习目标呢？

让我用一个问题来回答这个问题：科学家如何证明或反驳

一个假设？他会问："如果我把这个移到这里，会发生什么？为什么会产生反应？这种反应会在哪里发生？谁能从这一发现中受益？我怎样才能让医学界相信这一过程是可复制的呢？什么时候的试验条件最合适？"

看看前面展示的那张思维导图。你可以在思维导图上写下自己的问题。例如，在右下角"欧洲"旁边的分支上，可以写上"谁"，表示你想知道欧洲有哪些国家参与了太空计划。在标有"合作"（"宇航员"和"航天员"之间）的分支上，你可以写"如何克服语言障碍"。不要浪费时间或空间在无关紧要的词上，比如"一个""面向"等，它们只会让思维导图（和你的大脑）变得杂乱无章。

如果在阅读过程中，你发现了其他有疑问的地方，那么你就大胆去探求答案。学习是一个鲜活的过程。在阅读或学习的过程中，你会不断完善自己提出的问题和学习目标。你在学习如何让提问（何人、何事、何时、何地、何因、如何）越准确的过程中，阅读效果就会越好。

学校使用的大多数教材都做错了一件事：把问题放在了每章的末尾。其实，应该把问题放在开头。不过，有些教材出版商做出了正确的选择。他们意识到，给读者确立一个明确的目标，将能提高学习效果。过去那种从第一页开始苦读的做法已经过时，取而代之的是如何让学习达到最佳效果的新发现。我们还需要改变处理信息的方式，至少在某种程度上做出改变。

练习二：编写说明

要想更了解自己的学习方式，最好的方法之一就是尝试把自己掌握的知识教给别人。现在这个练习正好为你提供了这样的机会。想象一下，你是一个超级拼图爱好者，拼图给你带来了极大的乐趣。有一天，你的好朋友带着一个大盒子来找你。盒子包装精美，扎着绸带，里面是她为你精心准备的礼物。她对你说，这份礼物可是"有史以来最漂亮、最复杂的拼图"。你感谢她的体贴和用心，并决定马上迎接这个美妙的新挑战。你要全身心地投到拼图中。

这个练习要求你，写出自己从朋友在门口把礼物留给你然后转身离开的那一刻起如何逐步完成拼图的说明。

完成拼图的步骤：

1. _____
2. _____
3. _____
4. _____
5. _____
6. _____
7. _____
8. _____

9. _____
10. _____
11. _____
12. _____
13. _____
14. _____
15. _____
16. _____
17. _____
18. _____
19. _____
20. _____

这是我的一个学生写的步骤：

1. 回到屋里。

2. 解开盒子上的绸带。

3. 拆开盒子的包装。

4. 把包装纸和绸带扔掉。

5. 看看盒子上展示的图片。

6. 阅读说明书，重点关注拼图的块数和整体尺寸。

7. 估算完成拼图所需的时间，做好安排。

8. 计划好休息和吃饭的时间。

9. 找一处适合拼图的平面，确保有足够的空间。

10. 打开盒子。

11. 将盒子里的东西全部倒出来，放在平面上或倒在单独的托盘上。

12. 如果不是很放心，核查一下块数！

13. 将所有拼图摆放成正面朝上。

14. 找出边缘和四角的拼图块。

15. 按颜色分类。

16. 把明显可以拼在一起的拼图块先拼上。

17. 继续寻找合适的拼图块。

18. 将难拼的拼图块留到最后（因为随着整体画面越来越清晰，用上的拼图块越来越多，难拼的部分也更容易找到合适的位置）。

19. 继续拼，直至完成。

20. 大功告成！

你写的说明很有可能和我学生写的说明非常相似。这个练习揭示的重点在于，虽然你可能每次读书时都从第一页开始，但你没有理由一直遵循这样的惯例。你会每次都只从左下角开始拼拼图吗？

可能不会。你可以先看看盒子上的图片，建立一个总体目标。接下来，你可以将拼图按颜色和图案分类。然后，你可以把四个角拼好，并把上、下、左、右四个边也拼好。接着，你就可以由内向外或是由外向内开始拼了。你很可能会先拼容易的部分。同样，碰到难懂的书或报告时，你也可以采取类似的方法。先有一个整体概念，随着你填充的信息越来越多，全景也会越来越清晰。

第五步：略读

从第五步开始，你将进入超级信息处理的应用阶段。在这一步，你要对材料进行概览。以一本书为例，你要略读书中的非主体部分，比如：

- 摘要和结论，其中概括了每章的内容。
- 方框里的文字，它们通常与正文有所区隔，以突出其重要性。
- 词汇表，其中介绍并阐释了你不熟悉的概念和术语。
- 表格、图表、照片和插图，这种呈现信息的方式通常更易于理解。
- 章节及其他各级标题，它们为你提供了一份展现信息架构的思维导图。

在一本书或一份报告里，这些内容可以帮助你完成思维导图的中心图，以及从中心图向外衍生的主要分支。

在阅读过程中，要把注意力集中在段落、章节、特殊部分，甚至全文的开头和结尾，因为关键信息通常都集中在这些地方。举个例子，某科学杂志上刊登了一篇关于某个实验的长篇文章。通常情况下，第一段是对研究的总结，最后一段是对研究结论的概述。如果研究并未得出明确的结论，你可能不会想读这篇文章，不过至少你知道了这篇文章对你有没有价值。

碰到没有脚注、统计数据、目录或摘要的短篇报告或文稿，在阅读之前略读一遍更重要。每篇文章都由不同的段落组成，先读一读每段的第一句话。通常来说，作者会把中心思想放在过去被老师称为"主题句"的地方。你可以从主题句中看出文章的条理和作者认为重要的内容。

第一段和最后一段往往是文章的铺垫和总结部分。将所有这些技巧牢记于心，你便可以在合适的时候任意调用它们。能够运用其中的两三种技巧，总比毫无头绪地盲目阅读要好。

还有一个建议：在略读时，用钢笔、铅笔、筷子、尺子或其他物品作为视觉跟踪器，追踪你正在阅读的文字、图表、表格和插图。在下面这个练习中，我会解释为什么要这样做。

练习三：追踪眼球运动

请看下面这幅图（图 7-3）：

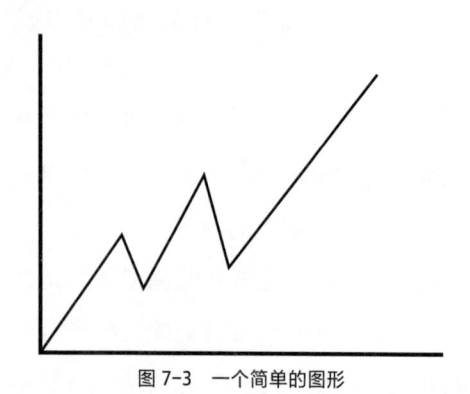

图 7-3 一个简单的图形

看完这幅图，你可能觉得你的眼睛已经捕捉到一幅完美的图像，它就像照片一样印刻在你的记忆中。但是，你所感知到的可能是假象。你的眼睛往往会定格在某些区域，然后移开。图 7-4 反映了无引导眼球运动的实际模式。正如你所看到的，眼球的运动模式与上图的线条模式发生了冲突。因此，记录在你脑海中的图像并不像你想象中的那样清晰明了。

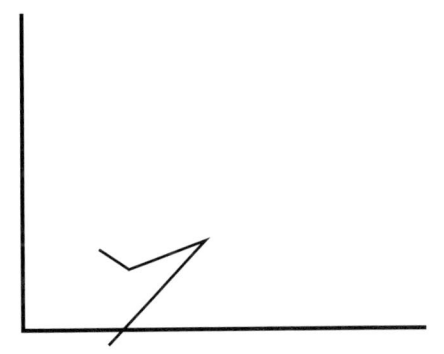

图 7-4　无引导眼球运动的标准模式与你对图形形状的记忆发生冲突

现在，用钢笔、铅笔、筷子或其他指向工具，描画图中的那条线。这样一来，你的眼睛记录的不仅是线条的静态印象，还有你用来描画线条的工具的移动和走势。现在，肌肉记忆、视觉记忆和标准记忆同时帮你记住所看到的东西。

使用追踪工具能显著提高记忆力。在这种视觉辅助工具的帮助下，眼球运动更接近图形的走势。另外，下面每一种输入都会起到加强记忆的效果：

1. 视觉记忆本身。
2. 近似图形形状的眼球运动记忆。
3. 手臂或手在描画图形时的动作记忆（动觉记忆）。
4. 对追踪工具的节奏和运动的视觉记忆。

这样做所产生的整体记忆效果远远优于没有任何视觉引导

第七章　学会如何学习

的情况。值得注意的是，会计师经常用笔来引导他们的视线逐行逐列地查看数字。这是他们自然而然的一种做法，因为在没有任何辅助的情况下，严格的线性眼球运动很难维持。这个例子也说明，了解大脑和身体的功能有助于你更好地工作。

第六步：深挖内文

经由第一步到第五步，你基本上完成了对材料的概览和预览。这几步让你对要学习的内容有所掌控，你可以想出最佳的对待之法。也就是说，你可以选择读什么、怎么读。在一本书或一份报告中，并非所有内容都与你有关，就像并非演讲者所说的每一句话、电视节目或纪录片中的所有内容都与你有关一样。

你怎么对待一个差劲的主持人或是一个令你生厌的电视节目，你就怎么对待一本书。过滤掉对你来说无关紧要的内容，专注于重要的部分。你可能会觉得自己没有从头到尾读一遍，违背了传统习惯，但你会克服这种不适感的。

当阅读内文时，你是在搜集信息，填补理解上的空白。把它想象成拼图过程的一部分，也就是在拼完四边和颜色相近的区域后所做的事。你可能已经搜集到所需的一切，现在只想看看其他信息。

碰到难懂的材料时，阅读内文的价值尤为凸显。你可以查看自己可能存在信息缺口的地方。如果你给大脑一定的休息时间，不再揪着难懂的材料不放，大脑往往能在稍后给出答案。有时候，你会懊恼"我之前怎么没发现呢"，这反映的就是这个道理。此外，通过所有其他步骤，你对周边材料有了更好的掌握，你可以在此刻充分利用大脑填补空白的整体性倾向。

阅读内文还能使学习过程更具创造性。就像爱因斯坦有意忽略某些细节和中间步骤一样，你可以给大脑更多的空间，让它发挥创造和理解的天赋。

第七步：复习

复习是最后一步。你已经完成了概览、预览和内文阅读。你如果需要更多信息来回答问题或达成目标，可以复习一遍。你只需补全尚不完备的内容，并重新查看你认为重要的部分。通常情况下，完成前六个步骤，你至少会达成70%的学习目标，对材料已经有了很好的掌握。复习的内容不应多于剩余内容，一般来说，应该远远少于剩余内容。

我们现在已经认识到,学习是一个与时俱进的终身过程,而当务之急就是教会人们如何学习。

——彼得·德鲁克

第八章
倾听、记笔记、快速阅读

一旦失去一种感官（比如视觉），另一种感官（比如听觉）就会大大增强，大多数人都会认同这句话。但目前的研究表明，这种说法并不完全正确。失去一种感官的确会迫使我们最大限度地发展其余感官，但我们拥有的感官越多，每种感官的潜在能力就越大。同样，我们接收和组织信息的技巧越多，我们学习和记住信息的整体潜力就越大。

在这一章，我将介绍帮助你成为超级信息处理者的另外三种技能：倾听、记笔记、快速阅读。这三种方法都非常宝贵，但是它们常常在正规培训中遭到忽视。

倾听

研究表明，在我们的日常生活中，50%~80% 的时间都用于交流。在职场，倾听通常被称为最重要的三大管理技能之一，却是所有沟通技能中最少得到培训的。用耳朵听是如此自然的一件事，以至我们想当然地认为我们都具备倾听能力，但它们是两码事。大多数人都会用耳朵听，却不会倾听。他们不会集中注意力去听，也不会费心处理和理解所听到的内容。

你如何评价自己的倾听能力？卓越、优秀、高于平均水平、一般、低于平均水平、较差，还是糟糕？仔细想一想，如果以0~100分作为度量，你给自己打多少分？你觉得你最好的朋友会给你打几分？比你高，比你低，还是会和你打一样的分？你的老板呢？你的同事呢？你的下属呢？你的妻子或丈夫呢？

我猜你会发现答案非常有趣。在每100个认为自己属于倾听者的人中，只有不到5人将自己评为卓越或优秀。高达85%的人认为自己处于一般水平或低于平均水平。如果以0~100分作为度量，平均得分是55分。人们认为同事和下属给他们打的分会和他们自己差不多，而朋友和上司会给他们打出更高的分，这可能是因为我们更关注朋友和权威人士。刚结婚的时候，伴侣对彼此的评分会高于他们对自己的评分，但到后来，情况会发生反转。

重要的是，我们每个人都有很大的提升空间。当我们提高倾听能力时，我们所有的感官以及在更高的层次上处理信息的能力都会得到极大的提高。

克服影响倾听的五个因素

要提高倾听技能，首先要认识到妨碍我们倾听和处理所听到的信息的五个因素：

1. 身体缺陷
2. 干扰
3. 无趣
4. 健忘
5. 声音模糊

下面，我将逐一详细解释这五个因素。

身体缺陷

我们先来看看身体缺陷。除疾病外，听力问题还源于我们对极其脆弱的听觉器官的不当使用。如果我们将其视为昂贵、精密的乐器，小心地呵护它，它就会保持良好的状态，所以我们要爱惜它。以下是两项非常重要的保护听力的预防措施：

- 不要随便掏耳朵。
- 避免暴露在音量过大的环境中，包括音乐会、飞机和工业生产场所。也不要把音响、耳机或电视的音量开得太大。用柔和的语调交谈，也鼓励别人这样做——不要大喊大叫，甚至提高嗓门。

研究表明，避免大声喧哗有助于保护听力。例如，住在苏丹边境附近的马班人说话非常温和，他们十分小心，从不给听觉器官造成任何冲击。他们的听力不会随着年龄的增长而下降，老年人的听力和年轻人一样敏锐。你越是好好保护你的听力，你的听力就会越好。

干扰

倾听的第二个主要障碍是干扰，它可分为环境（外部）干扰和心理（内部）干扰两种。环境干扰来自背景声，比如车流声、喧哗的人声、机器的轰鸣声或音乐声。我们过滤背景声的能力十分惊人。你有没有过这样的经历，聚会上特别喧闹，女主人突然竖起耳朵说："是不是有孩子在哭？"同样，一对恋人也能在喧闹的聚会中轻松交谈。

我们都有过这样的经历，身处嘈杂又混乱的环境，我们的大脑会自动屏蔽所有可能干扰我们倾听的噪声。只要意识到大脑会这样做，你就能够排除许多环境干扰。如果没有这种意识，噪声可能会干扰你最想处理的信息。

下次身处人群中时，你留意一下自己听到了什么、没听到什么。你会发现，如果你把注意力集中在你想听的内容上，你可能根本注意不到背景噪声。你可以把注意力引到对你来说至关重要的交谈上。留意你的身心是如何为倾听做好准备的。接下来，每当身处嘈杂不堪的地方，或者你想把注意力集中在尤为重要的事情上时，你就练习这种能力。

糟糕的是，我们屏蔽声音输入的能力也会使我们更容易产生选择性倾听——只听我们想听的内容。有些孩子就是选择性倾听的高手。他们不理会父母、老师和其他大人对他们说的话。不过，长期共处也会诱发这种技能，这可能会严重破坏人们的关系。这并不是说他们听不到彼此的声音，而是他们没有用心倾听。

选择性倾听有时是有益的。你是否有过这样的体验：在嘈杂的噪声中安然睡去，却在听到某人温柔、亲切的声音时立刻醒来？这就是选择性倾听的力量。你可以通过练习开发这项技能。比如，如果你站在车水马龙的街道上，请尝试倾听不同的声音。首先，试着分辨不同鞋子在人行道上发出的声音。然后，剔除其他声音，仔细倾听汽车发出的声音——轮胎划过地面的声音、独特的引擎声、喇叭的嘀嘀声。接下来，屏蔽其他声音，只去倾听鸟儿的鸣叫声，甚至捕捉鸟儿拍打翅膀的声音。你能在嘈杂的声音中分辨出公共汽车和卡车的声音吗？你能通过声音分辨出不同品牌的汽车吗？

你也可以在家进行这项练习。你能听到电流的声音吗？你能听到水声吗？你能听到风声、房间里的动静、宠物的叫声或其他人的声音吗？努力分辨不同的声音，这样做是值得的，会让你受益匪浅。即使是沉默，也有独特的声音。录音师通常可以通过聆听录音带中停顿时的静音，准确地辨别出这是在哪个录音棚录制的。

干扰也可能来自内心。当你疲惫不堪或压力过大时，这些干扰往往会成为棘手的问题。在这些时候，你可能会在心里和自己对话，或者在脑海里播放各种画面，这会对你产生干扰，分散你对周围事物和声音的注意力。有时你会沉浸在思考中，让其他事情都处于"自动驾驶"状态。你无须思考就能开车去公司、学校或杂货店，在到达目的地时却完全不记得自己是怎么开过来的。

修习正念、专注当下是克服内心杂念的最佳方法之一。不要考虑过去和未来，把注意力集中在此时此刻你正在做的事情上，治疗师称其为"活在当下"。

你还可以利用关于如何提升记忆力的知识消除内部干扰，也就是我们在第四章学习的首因、近因、关联、特殊性和复习。从某种程度上说，记忆力和倾听能力是相互关联的。如果你有效地运用它们，你就能排除自我干扰。

无趣

无趣是倾听的一个常见障碍。我们觉得听到的东西索然无味、与己无关且未能带来快乐，因此会将其拒之门外。如果你曾经听过枯燥乏味的演讲，你就会明白这种感觉：思绪已悄然飘走，根本听不到讲话人在说什么。分散注意力是我们应对无趣的一种内在防御机制。不幸的是，我们不能总是闭耳不听，我们可能需要那些乏味的信息，所以我们必须想办法让枯燥的东西看起来不那么无趣。

有一种方法可以消除无趣，那就是挑战自己，让自己充分理解对方所说的话。当对方说话时，不要只是闷头做笔记，还要写下自己的问题。将演讲者所说的内容用自己的语言表达出来，让笔记充满趣味。不要一字不落地记笔记，先听几分钟，什么也不写，然后自己总结一下听到的内容，提笔记下来。想象自己正在寻宝，保持警觉，从演讲者的话中寻找有价值的内容。

还有一种抵御无趣的方法就是成为批评家，找出对方说的你可能不同意的观点；拆解演讲者的阐述；有建设性地质疑话题；根据自己的信仰体系权衡对方所说的话；就演讲者如何使演讲更有趣写下自己的想法。这就是"积极倾听"。通过寻找可以提出批评的地方，你能够集中精力接收、处理并充分理解演讲内容，从而提出有效的反驳意见。这能让你的大脑保持活跃，防止其走神。

健忘

你有没有过这样的经历：别人刚向你介绍了某人，你转身就忘了他的名字？你有没有碰到过这样的情况：你注意到某人正在同你交谈，却不记得他说了些什么？在这些情境中，我们并非没有听对方在说什么，而是我们没有在意，或者说我们过度专注于自己要如何回应对方，而没有去处理或记住对方说的内容。结果，这种对话完全是在浪费时间——对双方而言都是如此。

针对如何克服这种健忘，或者更准确地说，如何克服注意力不集中，我有以下两个建议：

- **自我激励**：这是一种倾听技巧，通过练习倾听来建立积极倾听的心态。在工作、旅途或聚会中，利用播客或其他形式的音频信息练习倾听。测试一下自己听到了什么。强迫自己集中注意力，你的倾听能力就会得到提高。
- **注意选择关键词**：将关键词与图像联系起来。要知道，记忆不是线性的。你的大脑不会详细地记住列表、线条或完整的句子。将词汇与大脑中的图像和概念联系起来，效果会更好。在听对方说话或进行交谈时，在大脑中建立关联模式，亦即建立一个涵盖对方观点的视觉地图。

通过练习这些技巧，你不仅能提高回忆信息的能力，还能更深入地理解所听到的内容，并提出明智的问题。在商务和人际交往中，你都会发现自己的进步。

声音模糊

声音模糊主要是指说话时声音太小或吐字不清晰。如果你听不懂别人在说什么，你应该直截了当地说出来。只需说"很抱歉，我听不清你在说什么"即可。

听觉处理障碍（APD）

问题并不总是出在说话的人身上。有一种疾病会损害一个人分辨声音的能力。患有听觉处理障碍的人很难分辨不同声音之间的细微差别。朋友建议"咱们去喝杯咖啡吧"（Let's go for coffee），你可能听成"咱们去咳嗽吧"（Let's go cough）。有人说"我喜欢你的头发"（I like your hair），你可能听成"我不在乎"（I don't care）。

你也可以称其为"创造性听力"，但它实际上是一种疾病，影响了3%~5%的小学生，他们无法像其他孩子一样理解自己听到的声音。这并不是因为他们的听觉器官受损，而是因为他们的大脑误解了外界输入的声音，尤其是语音。患有听觉处理障碍的儿童可以顺利通过听力测试，但他们在听取指示和有效沟通方面往往会遇到困难。

同样，随着人们年纪增长，听觉处理障碍可能比功能性的听力问题更难被解决，有必要将两者区分开来。给患有听觉处理障碍的人佩戴助听器可能不会有太大帮助。能起到帮助作用的是排除干扰，让他能看到说话的人，这样他可以通过对方的嘴型确认对方说了什么。

在大多数情况下，说话的人都希望你能听到并理解他们所说的内容，因此他们会根据你的反馈做出相应的调整，提高音量或吐字更清晰。他们会很高兴你指出问题所在。

有效倾听的二十个要点

在我的职业生涯中，我曾帮助各行各业的人提高倾听、记忆和回忆能力，我总结出了二十个有效倾听的要点。你要做的就是，尽可能多地做练习。练得越多，你在接收和处理语言输入时就越熟练。

1. 小心呵护你的听觉器官，它比你想象的更复杂、更精密。如果有人觉得你的听力有问题，你可以找耳鼻喉科医生或听力学家检查一下。

2. 训练自己边听边分析的能力。练习聆听各种声音，试着将注意力从一种声音转移到另一种声音。

3. 保持身体健康。心智健全有赖于身体健康。如果你坚持锻炼身体，尤其是进行有氧运动，所有感官都会得到改善，尤其是听力。

4. 不失时机地倾听。即使你感到无聊，也要问问自己："这对我有什么好处？"换句话说，要自私一些，但这种自私是正面的。无论别人说什么，你都要坚持让自己从中获益。在我们觉得最不可能得到有价值之物的地方，往往会挖掘到最有价值的东西（假如我们留心关注）。

5. 多听少说。莎士比亚说过："凡事需多听，但少言。"在听懂说话人的意思并获取有效信息之前，尽量不要下定论。听完整个故事，再做回应。

6. 乐观地倾听。如果抱着"自己可能有所收获"的想法倾听，你就会大大增加自己受益的可能。一旦摆正心态，你的整体感受就会更加愉快。

7. 挑战你的大脑。时不时地让大脑接触比平时更难的东西，这可以刺激大脑，提高学习能力。让大脑直面挑战可能会很难，但这样做可以保持你的热情以及倾听和学习的能力。

8. 有意识地努力倾听。你要坚信这是你处理信息的工具箱中必不可少的一部分，拥有它，你将成为一个积极的倾听者。不要假装倾听，要积极地倾听。

9. 利用联觉，也就是融合各种奇妙感官的心理能力。你在倾听的时候，一定要全身心投入，锁定其他感官，尤其是视觉。将听到的词与其他词和感觉关联起来。你在这一点上做得越好，听力就会越好，注意力就会越集中，理解力、综合学习能力也会越强。

10. 保持开放的心态。不要被情绪左右。无论发言者说什么，你都要保持客观。换句话说，即使持不同意见，你也要试着从积极的角度理解对方的话。

11. 用好与生俱来的脑速。听力速度通常是普通人说话速度的4~10倍。正因如此，我们很容易走神。不过，请不要走神，好好利用脑速来预测、分析、总结、权衡、比较和解读肢体语言信息。这样做有助于你集中注意力。

12. 看重内容而非表达方式。对谈论话题而言，发言者的体型、体重、站姿、口音、服饰和发型并不重要。我们要重点关注信息。

13. 聆听观点。如果大脑能把握整体的认知而非片面地掌握信息，它就能更好地工作，所以，要倾听中心主题而不是个别事实。对主题的基本理解为组织和了解细节搭建起框架。

14. 与其记一串笔记，不如画思维导图。在思维导图的中心画一幅图来表示主旨，然后从中心画出一些分支，把便于记忆的关键词写在上面。使用思维导图，可以大大提高理解力、领悟力、记忆和回忆的能力。思维导图可以同时调动你的左脑和右脑。别忘了，它还会提高你的整体倾听能力和回忆能力。

15. 忽视干扰。请注意，我没有用"回避"这个词，因为有时干扰是不可回避的。但是，提醒自己，你就可以有意识地屏蔽它们。如果你允许，大脑可以过滤掉任何它不想让你注意到的东西。

16. 如果时机恰当，请休息一下（当然不是在别人正在说话的时候）。正如我们在第四章谈到的，要让大脑有时间整合所有内容，为首因效应和近因效应的发挥创造更多机会。

17. 发挥想象力。你可能会觉得倾听是一种左脑活动，因为它涉及文字，但你可以为大脑接收到的文字和想法创造心理图像，这样倾听就会变成一项全脑活动。

18. 用积极的姿势倾听。你以前的小学老师可能会要求你坐直，因为她知道懒散的姿势会影响倾听能力（她是对的）。当然，你不需要完全直挺挺地端坐着，只要摆正姿势，保持警觉就可以了。

19. 要记住，随着年龄的增长，你可以不断取得进步。记忆力是否会随着年龄的增长而衰退，仍是一个谜。如果你有积极的心态，并践行这二十个要点，你的倾听能力和记忆力会不断得到提高。

20. 练习演讲。这能赋予你另一个视角。知道如何做好倾听后，你可以锻炼自己的演讲技巧，使自己拥有全面的沟通能力。表达能力出众的人倾听能力也不差。

记笔记

良好的倾听技巧可以提高你在学习和工作中的表现，帮助你更好地理解他人，从而建立更牢固的人际关系。试想一下，如果你有一套可以帮助你记住所有内容的记笔记的方法，你会有什么样的表现。有些人记了笔记，可事后回看时却发现根本不知道自己记了什么，就好像他们从未参加过那场会议或演讲一样。

词语及关联

要提高记笔记的能力，首先要对词语的本质建立基本的了解，这会带来很大的帮助。大脑每天如何接收数十亿比特的数据，又如何处理这些信息，这可以说是我们对大脑最重要的发现之一。

每一个词、每一种颜色、每一个数字、每一种声音都具有多重意义。也就是说，每个词像一个小小的中心球，向周围射出许多钩子。这些钩子使词语能够附着在其他词语、图像和感官数据之上，并与之产生关联，从而赋予词语及其所附着的任何事物不同的含义。

举个例子，我们想想"run"这个英文单词。从"run"引出的一个钩子可以是"四分钟**跑**一英里[1]"，另一个钩子是"**运行**印刷机"。当你说"她的袜子**抽丝**了"或"你的钱**花光**了"时，你分别使用了这个词的另外两个含义。同样，每个人的大脑都是与众不同的。即使两个拥有相同经历的人，他们所处的宇宙也是截然不同的，也就是说，面对某个词、某个信息，每个人都会产生不同于其他人的联想。

我们再来看一个词：树叶。每个读到或听到这个词的人都会在脑海中产生一系列不同的联想。这个词可能会让一个人联想到一棵长满绿叶的树，而让另一个人联想到一堆秋天的落叶——它们有棕色、红色和黄色的。对第三个人来说，这个词可能会是一个提醒，让她想起自己要清理排水沟里的落叶。如果一个人有过从树上摔下来的经历，他会由树叶联想到疼痛。

我们每个人都有自己的联想。大脑会选择那些最显而易见、最激动人心、能唤起最生动形象或最强烈情感的钩子。从

---

[1] 1 英里 ≈ 1.609 千米。——编者注

这个钩子出发，大脑会被引向一条比单纯回忆更具创造性的道路。

不幸的是，如果放任其自由联想，大脑会自行构建一个有趣的故事，但这可能对记忆没有什么特别的帮助。因此，在记笔记时要使用有助于回忆的关键词，而不是富有创意的关键词。举个例子，假设你在听一段音乐，想用一些有助于回忆的词语来描述它。像"离奇"这样的词不够具体，无法让你联想到一个具体的形象，不适合作为关键的记忆词。要记住，具体的形象才是你真正需要的。"巴洛克"就是一个更有效的记忆词，因为它将这个音乐作品与其他巴洛克音乐、艺术和建筑联系起来。

有效的记笔记方法依赖于极具描述性的关键回忆词。一个关键词或短语就能让你回想起全部经历和感受。要想记住所见所闻，没有必要写出完整的句子。事实上，这样做只会适得其反。更有效的方法是创建令人难忘的关联。

在记笔记的常用词中，大约 90% 无法对回忆产生帮助。这意味着你写这些词是在浪费时间，而且在这个过程中，你的注意力已经不在你所读或所听的内容上了。当你过些时候再看笔记时，你还要浪费时间去重读这些不必要的词，而且你要从大量不必要的词中筛选出关键回忆词。

此外，关键词之间的关联会被将它们分隔开来的词语打断。记忆以联想为基础，而不必要的词语会削弱关键词之间的联系，从而影响记忆和回忆。事实上，如果关键词被不必要的词分开，你就会浪费更多的时间从一个关键回忆词连接到下一个关键词，这也意味着在它们之间建立关联的可能性变得更低。

如果你掌握了关键词的意义，轻松处理信息的能力就会得到显著提升，同时你还将学会如何以惊人的速度接收信息。

练习一：用关键回忆词记笔记

著名商业顾问和作家汤姆·彼得斯在其畅销书《追求卓越》中对倾听有这样的论述："时刻要求自己成为一个倾听者。当今成功的领导者都会努力让他人参与到自己的事业中来。奇怪的是，迄今为止，吸引他人的最佳方式就是倾听，亦即认真聆听对方的话。如果说谈话和发号施令是过去50年的行政管理模式，那么在决策之前倾听大家的意见则是90年代及未来的模式。"

在做这项练习时，你要找个人扮演你的上司，假设他正口头向你传达如何开办一次研讨会。扮演上司的人需要朗读下面两段简短的文字，你不要自己读给自己听。请你一边听一边在后面的空白处记下有助于回忆的关键信息。如果你能把它们整理成思维导图的形式，那就太好了。如果不能，也不用担心，下一章将详细地介绍思维导图。只听一遍，就像现实生活中上司做指示时一样。要记住，中心思想就是研讨会，所以要围绕这个中心思想做笔记。

当"上司"读完全部内容，你也做完笔记后，根据你的笔记回答后面的问题。准备好了吗？下面是"上司"要读给你听的两段文字：

3月18日，你们两位将负责主持我们下一次的研讨会，讨论公司的伤残福利。参加会议的员工需要完成一些练习，他们还要把你们传达的信息带回各自的部门，并回答所在部门的员工有关伤残福利的所有问题。所以，你们一定要为他们营造一个良好的学习氛围。不管开什么样的研讨会，前几分钟都非常重要，因此你们需要准备一个既有趣又贴切的开场白，时长不超过7分钟。共有53人参加研讨会，因此，你们其中一人在做介绍时，另外一个人需要观察与会者的肢体语言，从中可以看出他们是否认真参会。

我希望你们亲自接待每一位与会者，握手和微笑会给对方留下良好的印象。确保会议室舒适宜人，每个人都知道各种设施的位置。一定要说清楚休息和午餐时间。要知道，很多人并不想参加这次研讨会。我听说市场营销部门差点儿为派哪位主管参会而大动干戈。现在是十点半，我该去和泰德·科赫开会讨论我们的年度财务预算了。咱们还得碰个面，讨论一下研讨会的目标，你们俩能在下午两点时过来找我吗？

你的笔记

练习二：根据听到的内容回答问题

根据你聆听上司讲话时所做的笔记，回答下列问题：

1. 研讨会的主题是什么？
   _____

2. 与会人员回到各部门后需要做什么？
   _____

3. 研讨会共有多少人参加？
   _____

4. 应该如何接待与会人员？
   _____

5. 开场白应该持续多长时间？
   _____

6. 哪个部门因为确定派谁参会差点儿打起来？
   _____

7. 上司希望在什么时候完成研讨会的相关讨论？
   _____

我猜你答对了大部分问题。如果没有答对，也不要灰心，通过练习你定会有所提高。请一位不做关键词笔记的人尝试一下这个倾听测试，看看他们完成得怎么样。你一定会惊讶于你们之间的差距。

检查一下笔记。如果你仍有不确定的答案，请让"上司"再读一边，你可以据此对笔记进行补充。

练习三：根据有效倾听的二十个要点绘制思维导图

根据你所做的笔记，绘制一张思维导图，帮助自己记住并回忆"上司"对研讨会的指示。你也可以在读完第九章后再来做这项练习，因为我会在这一章详细讲述如何创建思维导图。

快速阅读

大多数人凭直觉就知道自己有能力达到更好的阅读效果。有些人说自己有视力问题，还有人在阅读速度、理解力、记忆力或回想能力方面表现不佳。有些人一想到阅读，尤其是面对大部头或报告时，就觉得心烦意乱。有些人不喜欢作者的风格。有些人词汇量不够。这些都不是无法克服的难题。

大多数人觉得阅读困难，可以归因于他们所习得的阅读方法。在过去的几十年里，我们在了解大脑的运作方式上取得了长足的进步，但并未将这些知识融入我们的早期学习方法。我们仍在使用过去的方式、祖辈的方式、我们沿用了几百年的方式教育下一代。这种方法可以被称作"认读法"——我实在想不出更好的名字来形容这种方法。

还有一种常见的方法是"拼读法"。先学习字母表中每个字母的读音，然后将字母拼成音节，再拼成难度更高的单词，比如由"c""a""t"三个字母组成"cat"。事实上，这些方法都没错，只是没有涵盖阅读的整个过程。它们不教提高阅读速度的方法，不教记忆法，不教回忆技巧，不教那些会影响整个阅读过程的因素，比如选择、排斥、记笔记、集中注意力、欣赏、分析、组织、动机、有效的类型等，而这些因素都是阅读的一部分。

大脑如何处理我刚才提到的阅读过程，想必你已经有所了解。但有一个问题还没得到解决，那就是阅读速度。其实，你的阅读速度可以比现在快得多，这一点毋庸置疑。

速读应用程序

从博客到书籍，越来越多的人选择在智能手机上阅读各种文字内容，因此速读程序将目光瞄准智能手机也就不足为奇了。目前，智能手机上有多种速读应用程序，下面举几个例子：

- **Speed Read** 有一个播放按钮，点击该按钮，页面上就会出现一个指示器。指示器会在文本上移动，引导你阅读。点击"+"或"-"按钮可以提高或降低指示器的移动速度。它还有书签和高亮的功能，甚至可以将文本转成语音，读给你听。
- **Reedy** 可以用来阅读多种格式的书籍和网络文件。它具备调整速度、前进或后退等功能。它还可以根据你的阅读速度和剩余字数估算完成阅读的剩余时间。在默认情况下，遇到复杂的词汇和标点符号，它会智能减速。
- **Quickify** 可以用来阅读网页和大多数格式的文件、书签内容，还可以将文本转成语音进行朗读。它还能将所有内容整理到资料库中以方便取用。

了解阅读过程中的眼动

拖慢阅读速度的原因往往是眼动不够流畅。如图 8-1 所示，当人们被要求用食指指出自己阅读时眼睛的运动轨迹和速度时，大多数人会沿着每行的文字从左到右顺畅地移动，到一行的末尾时快速跳到下一行的开头。他们认为自己阅读每行要花 1/4~1 秒的时间。

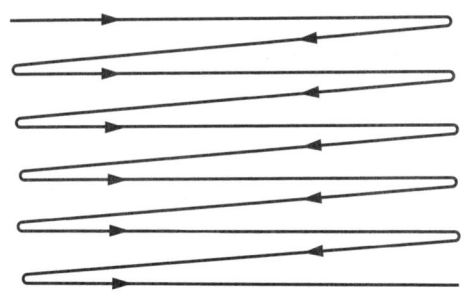

图 8-1　不了解眼动知识的人认为，他们在阅读一段文字时眼睛是如此移动的。

读完每一行会用不到一秒钟的时间

但他们错了。以使用标准字体的标准尺寸的图书为例，如果你一秒读一行，那么你的有效阅读速度为每分钟 600~700 个英文单词，但一般人的阅读速度约为每分钟 250 个英文单词。所以，人们实际的阅读速度要比自己想象中的慢。

此外，还有一个谬误。如果人们的目光在一页纸上移动得如此顺畅，他们就不是在阅读了。眼睛只有在停止运动时才能看清楚。眼睛的工作方式如图 8-2 所示，它并非始终保持流畅的移动，而是在每一行做数次定格。必须注视，否则无法看清。与阅读速度快的人相比，阅读速度慢的人注视的次数更多。

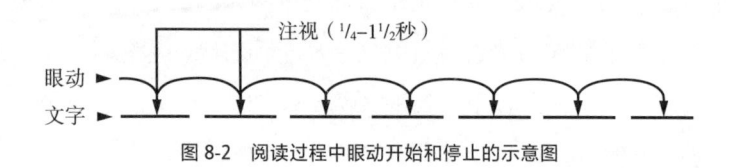

图 8-2 阅读过程中眼动开始和停止的示意图

目光跳跃本身的速度非常快，几乎不怎么花时间，但对单个单词或词组的注视可能需要 1/4~1.5 秒。如图 8-2 所示，如果一个人逐字地阅读，或是阅读过程中还要不时跳回去看单词或字母，按照简单的数学原理，其阅读速度往往远远低于每分钟 100 个英文单词。这意味着他们无法理解自己所读的大部分内容，读的内容也不多。

让阅读速度更快、理解力和记忆力更强的三大秘诀

你可以借助下面三种技巧训练自己，使自己的阅读速度更快、理解能力更强。

建立对主题的总体了解

阅读速度慢的人有这样一个问题，他们会回头去看自己没有理解的单词或短语。之所以要进行这种回溯，90% 的原

因在于想要完全理解相关词语的含义，但对总体了解主题来说，这并不是必要的。另外10%是因为你确实不理解这些内容，你可以用思维导图的形式把这部分内容记录下来，随后去查看。

提前思考和猜测词语的意思是非常可取的。事实上，这会让你成为一个更积极的阅读者。你是在挑战自己从上下文中提取含义，这有助于提高大脑创建关联的能力，从而帮你更好地记住知识，将来也更容易回想起这些内容。

减少每次注视的时间

花1/4~1.5秒注视某个词语。你不需要在一个词上花太长时间。试着把注视时间控制在1/4~1.5秒。

乍一看你可能觉得这个速度太快了，但实际上并不快。测试表明，眼睛可以在1/100秒内阅读5个单词。阅读速度慢的人，一页可能会注视500次，这个速度非常慢，肯定会拖你的后腿。阅读速度快的人读一页可能只需100次注视。假定这两个人每次注视的时间都是半秒，那么阅读速度快的人阅读每页的时间会快200秒，也就是3分20秒！如果这两个人读同一本300页的小说，阅读速度快的人可以节省1 000分钟，也就是快了16个多小时！

由此可见，阅读速度快的人能够节省精力，不会像阅读速度慢的人那样很快感到疲劳。减少注视的次数，可以更有效地使用眼部肌肉，从而减轻疲劳。而疲劳感的减轻也会让阅读变得更轻松。这一切好处，你都可以收入囊中。

每次注视时吸收更多的词语

大幅提高阅读速度的第三种方法是，每次注视吸收 3~5 个字。大脑处理单个词语和一组词语的能力是一样的。当我们读一句话时，我们并不是解读每个词语的意思，而是理解由词语组成的短语的意思。

用手指训练快速阅读

小学老师可能告诉过你，读书时不要用手指指着书上的字，因为这样会拖慢阅读速度。现在我们知道，你的小学老师错了。只要方法得当，用手指指着读并不会减慢阅读速度。老师其实应该告诉你，手指要移动得更快一些。手指、钢笔、铅笔或任何视觉辅助工具都有助于引导眼睛移动。研究表明，当你用某种东西引导眼睛时，眼动效率会更高。

要练习以更快的速度阅读，可以用食指沿着每一行文字划过。因为我们自以为的阅读速度比实际的阅读速度要快，所以这个过程会让你觉得速度变慢了，但其实并没有。

其次，练习一次看一行以上的内容，扩大你的视野范围。用手指或钢笔尝试不同的模式，比如指向对角线、曲线或页面的中间。看看哪种方法最适合你。一开始读一些容易读的内容，不要用工程师的仪器使用手册来练习。

给自己设定时限

还有一个技巧可以提高阅读速度,那就是给自己设定每页读 20 秒的时限。在这 20 秒内,尽量吸收更多的词语。以这种速度阅读 7~10 页——比如一个章节或一组页面。读完后,尽可能写下你在高速阅读中记住的词。

在这个阶段,不要担心理解的问题,重点是基本的词语识别。接下来,看看大脑是如何将这些词语关联起来的。你的大脑利用关联词想出了什么样的故事情节?你的大脑从这些词中得出了怎样的大意?

现在,回头以每页 40 秒的速度阅读同样的内容,提高自己的理解程度。你会惊奇地发现,在这么快的速度下,你记住并理解了很多内容。

这种练习与身体锻炼非常相似。你锻炼得越多、拉伸得越多,你的耐力、力量和灵活性就越强。大脑也是一样,所以要适当地鞭策自己。让你的大脑体验更高的速度,用不了多久,你就会意识到,仅仅通过加速阅读,你的阅读速度就可以提高至少一倍。你的大脑会因此茁壮成长。

现在,你的所有感官都在一个新的高度上运行。你已经对自己和自己的脑力有所了解。你可能已经开始运用自己学到的新技能,在工作和个人生活中取得令人振奋的新收获。现在,你即将进入脑力提升计划的最后阶段:将所有过程整合起来,感受全面信息管理的超级力量。

人脑是一台不可思议的模式匹配机器。

——杰夫·贝佐斯

第九章
用思维导图助推思考

在你将所有过程整合起来之前,请回顾一下迄今为止你都学到了什么。你已经知道,不管自己现在是什么水平,你都远远没有发挥出自己惊人的脑力,所以你没有理由不做得更好。遗传可能决定了你的上限,但并不妨碍你超越现在的水平,取得显著的进步。

我在本书中介绍了有关大脑信息处理技能的最新研究进展,包括逻辑、计算、分析、顺序、排序和想象力。你已经学会了如何通过改变习惯来提升自己,如何利用"静息－活动周期"来提高脑力,如何应对变化,以及如何将生活分类并安排得井井有条。你已经知道,如果你说自己的记忆力很差,那是因为你不愿意费心去做出改变。你也知道,你的大脑有能力容纳数十亿条信息,你只需开发一套检索系统,利用大脑潜在的能力,就能回忆起这些信息。

你已经拥有提高自我组织能力的机会,明白如何延长自己的预期寿命，以及如何创建清单和对未来的憧憬。通过将生活划分为七个或更少的类别，然后将其细分，你已经成为自己的生活向导，掌控自我和自己所做的一切。你也许很久以来第一次开始思考自己对爱情、友谊、自我发展、财务和事业成功的需求。你还将改进倾听、快速阅读和记笔记方面的方法融会贯通。在最后一章，你将详细了解思维导图，使其成为思考和组织的新武器。

练习一：做读书笔记

想一想你最近读了哪本书。假设一年后你要就这本书主持一次研讨会。请花点儿时间在下面的空白处做好读书笔记。你的笔记必须足够清晰和详细，这样一年后翻看时，你才能掌握准备和举办研讨会所需的所有信息。

读书笔记

多年来，我在许多课程中都让大家做过这个练习。我发现大约 70% 的学生以段落或句子摘要的形式做笔记，另外 30% 的学生通常以列表的形式记录关键短语或关键词。根据目前所学的知识，你已经知道有一种更好的方法，在学习本章的过程中，你记笔记的水平将会得到进一步的提升。让我们看看这种更好的方法吧。

传统记笔记方法的局限性

英国埃克塞特大学的戈登·豪博士与其他研究人员一起做了大量研究，目的是找出哪种记笔记的方式最有利于学习和记忆。他们列出了七种方法，根据从劣到优的顺序排列如下：

1. 完全不做笔记
2. 把演讲者所讲的内容一字不落地记录下来
3. 从倾听者的角度记录所有听到的内容
4. 演讲者提供的总结性句子
5. 倾听者自己创造的总结性句子
6. 演讲者提供的关键词
7. 倾听者自己创建的关键词（在合理范围内，关键词越少越好）

关键词是最简洁、最有效的表达方式，可以触发即时回忆。我的一个学生把它形容为跨越沼泽的垫脚石——沼泽指的是包含关键词的密集段落和句子，但它们本身对回忆并不重要。

这项研究没有纳入速记。速记是一种快速书写法，用缩写和符号来表示单词、短语和字母。如果你会速记，你可能会觉得，只要你手写的速度和演讲者说话的速度一样快，把所有内容都记下来也没什么不好。不过，我认为这是一种"智力陷阱"。你所做的事情是出于自己的习惯，而且你一直以来没有在此出现过纰漏，所以你觉得这是最好的方法，但实际上并非如此。你只是习以为常罢了。

让我来证明给你看。请回忆一下，在你的一生中，你说过、读过或听过的所有由十个及十个以上的单字组成的句子。暂且不提那些你曾不断重复以努力记住的句子，比如诗歌、戏剧或歌词。别着急，再想一想其他的例证。我猜即使你有能记起的句子，数量也不会超过一两个。

多年来，在我的脑力讲座中，没有人能够一字不差地回忆起由十个及十个以上的单字组成的句子，尽管他们的记忆库里可能储存了无数个这样的句子。一位从事广告工作的学生想起她刚工作六个月时老板对她的一次夸奖。老板把她叫到办公室说："小姑娘，我对你的工作非常满意，我相信你的前途一片光明。"

这是我们在第四章讲到的"特殊性"的一个例子。我们倾向于记住并回忆起我们认为特殊的事情。那是她职业生涯中的一个重要时刻，她对这一时刻的记忆非常清晰。当时，她可能在脑海中反复回放老板夸奖她的场景。不过，这是她唯一记起的超过十个字的话。

我们之所以不能回忆起更多的句子，是因为我们不是用句子进行思考的，尽管我们已经听过、读过、说过和写过无数个句子。我们回忆起的是关键词和关键图像。即使是在传达口头或书面指令时，我们通常也是先用关键词和关键图像进行思考，再组织成句子说出想法。

提升记笔记的效率

人们所记的笔记中，大约只有10%是有价值的（当然，这是在他们学会我的方法之前）。也就是说，如果方法得当，你记笔记的速度至少是之前的10倍。只要在笔记中涂涂画画，你就能大大提高记忆力，这无疑是锦上添花。

最有助于我们记忆的是关联性和特殊性。

箭头、颜色、特殊代码和小图画会让你的笔记变得异常有效。它们帮助你在关键词之间建立联系，让你一眼就能看出不同关键词之间的关系。一旦建立了关联，你就可以通过颜色、大小的区别或立体化的手法，让它们变得更加特殊。你可以勾勒轮廓、画下划线或是做任何你想做的事，让它们脱颖而出。

如果你会速记，你甚至可以将其融入思维导图。关键就是删除不必要和不相关的词语。等你形成了使用关键词的习惯，你可以不写元音，只用辅音来记关键词，从而节省更多时间。

看看这句话"Fr xmple Im sr yll hv no dffclty rdng ths bbrevtn",[1]
你的大脑可以轻松地填补句中的空白。在没有读懂之前，大脑不会轻言放弃。

提高记笔记的速度

传统记笔记的方法存在一个问题，你的注意力会因记笔记而从演讲者和演讲内容上移开。另外一个问题是，人们说话的速度往往比书写的速度要快得多。一般人每分钟能说 100~130 个英文单词，而每分钟只能写 25~35 个含有 5 个字母的英文单词。

你可以通过一分钟的限时练习大幅提高平均书写速度，这个练习要求你在 60 秒内写下尽可能多的词。不过，速度并不是关键。你要学会放松，别把手写抽筋了。不要像很多人记笔记时那样缩着肩膀，这样会让自己很累。放松的直立姿势会提高记笔记的水平。

提高记笔记速度的最佳方法是少记笔记。只写下或画出最突出、最具描述性、最令人印象深刻的文字或图像。

思维导图：更好的方法

思维导图是一种图文并茂的信息管理工具。这种组织信息

---

[1] 完整的句子为：For example, I'm sure you'll have no difficulty reading this abbreviation。中文意思为：举个例子，我相信这一缩略句对你来说完全没有难度。

的方式可以加强记忆，让你利用这些信息创造出新的想法、创意、图像和概念。你可以把它看作手绘的信息图表。除了帮助你组织和回忆信息，思维导图还能为你提供解决问题所需的所有元素，让你在事业、商业和个人生活中做出正确的决定。

完美契合大脑内在的运作方式

如果信息完全契合大脑内在的运作方式，大脑就能更好地处理它们。大脑的本质是多维的，它更容易理解、欣赏和回忆多维呈现的信息。文字、线条、箭头、颜色、代码、图像等都有助于信息的多维化。

为了充分发挥大脑的能力，你需要把构成整体的每个元素都考虑进来，并将这些元素整合起来。思维导图就可以做到这一点。

思维导图与大脑的运作方式一脉相承。它可用于所有涉及思考、回忆、计划或创造力的活动。很多人第一次看到思维导图时，会认为它太立体、太混乱，无法转化为线性的演示，比如演讲、交谈或文章。其实不然。完成思维导图后，你要做的就是选择呈现信息的顺序，接下来线性的演示水到渠成。

英国牛津大学的学生在改用思维导图后，只用原来 1/3 的时间就能写好论文。同样，包括美国数字设备公司、国际商业机器公司、电子数据系统公司、通用汽车公司和惠普公司在内的很多大公司的经理和员工也经历了类似的绩效提升。与旧方法相比，他们使用思维导图后，工作所花费的时间减少了 2/3，创造的价值提高了300%。思维导图确实卓有成效，它的速度更快，效果更好。

绘制思维导图的基本法则

你每天需要处理大量信息，思维导图不仅是记录和管理信息的一种方式，还是帮助你从这些信息中创造出新思想、新想法、新图像和新概念的关键。尽管思维导图需要你克服一些旧的线性习惯，但它才是思考和吸收信息的真正方式。你不是以句子或列表为基础进行思考的，而是按照大脑建立的关联进行思考的。

生物化学、生理学和心理学的近期研究不断证实我多年来所教授的内容：大脑是非线性的复杂系统。我们之所以有这种观念，只是受制于对线性思维的强调。思维导图将释放你的创造力，提高你的效率，让你充分发挥自己在信息管理方面的才能。以下是绘制思维导图的基本法则：

1. 先在中间绘制一幅彩色图画。一幅图往往"胜过千言万语"，它在鼓励创造性思维的同时，还能大大增强记忆力。

2. 在整个绘制过程中多使用图像。就像中心图一样，图像有助于记忆。它能刺激左脑皮质和右脑皮质，调用整个大脑。它能使你集中精力。它有助于理解，从而提高思维能力。

3. 把所有文字打印出来。打印可能会比手写多花一点儿时间，但你在重读思维导图时，节省的时间可不止这些。打印出来的思维导图能给你更直接、更形象、更全面的反馈。所以从整体上说，打印会节省时间。

4. 将文字逐条打印出来，将一条文字与另一条关联起来。这样可以确保思维导图有一个基本结构，并有助于你在大脑中建立关联和联想。

5. 将每个词视为一个单元，每行仅放一个词。这样，每个词周围关联信息的数量可以达到最多，从而也能最大化地发挥你的创造力和灵活记忆的能力。

6. 在绘制过程中使用不同的颜色。颜色能增强记忆力，让人赏心悦目，还能刺激右脑皮质，同时让你的思维更加清晰、有效。

7. 尽可能给大脑更多的自由。暂停批判性思维。不要去思考什么东西应该放在哪里、哪些元素应该包括在内，这样做会扼杀创造力并拖慢进程。这一法则特别适用于头脑风暴和创造性思维。其目的是解放思想，所以放手去做吧。抑制过度结构化、刻板或一丝不苟的冲动。使用思维导图进行头脑风暴和创造性思维就是让你脑海中闪过的一切都跃然纸上，无论它有多么荒谬。

思维导图的核心就是围绕中心思想记录你大脑中想到的一切。因为大脑产生想法的速度比你手写的速度快，所以你几乎不该停顿。如果出现停顿，你可能会发现笔在页面上停滞不前。一旦注意到这一点，赶紧继续往下写。不要担心顺序或条理问题，因为在很多情况下，这些问题会自行解决。如果这些问题未能得到解决，可以最后再整理排序。从很大程度上讲，大脑会自然而然地组织信息。通常情况下，最好的办法就是不要做绊脚石，不要想太多。

不要担心不够整洁

很多人会担心自己画的思维导图不够整洁，尤其是最终的结构往往要到最后才会真正显现出来。如果你对此有所顾虑，一定要记住，内容远比外观重要。我经常在课上告诉我的学生，乱糟糟的笔记在大脑看来往往要整洁得多，因为它能让重要的概念和关联一目了然，将总结和升华的真实内容呈现在眼前。另外，你可以用10分钟左右的时间修改或重画思维导图——实际上，你也应该这样做。重新绘制思维导图可以强化学习效果。

思维导图软件

就我个人而言，我更喜欢用纸笔绘制思维导图。这样做能从动觉上对内容起到强化作用。不过，如果你喜欢在计算机或智能手机上创建更整洁的思维导图，那么你不妨看看最新的思维导图软件。你可以找到很多适用于各种操作系统的软件，包括Windows、苹果和安卓系统。下面仅举几个例子：

- **InfoRapid Knowledgebase Builder** 是一款知识管理应用程序，可以将文章、博客文章、网站内容、推文和文档关联起来，并对所有相连的内容进行全文检索。它甚至还能根据现有内容生成思维导图，导入推文和维基百科文章，并将知识库以 HTML 文档的形式导出，以便在网络浏览器中查看。
- **GitMind** 是一款在线应用程序，可以通过网络浏览器使用。它还有计算机桌面版和手机版。GitMind 有多个思维导图模板可供使用，内含各种形状和颜色，用户可以从头开始创建思维导图。GitMind 还支持团队项目的在线协作。
- **miMind** 是一款多用途、跨平台的思维导图软件，可用于创建、共享创意和活动，比如项目规划、头脑风暴、设计、总结和讨论，以及进行项目演示。基础版是免费的，但你可以升级获得更多高级功能。

你需要挣脱束缚你的枷锁，不再固守你在学校学到并在工作中不断强化的思维结构。现在，你应该已经准备好运用自己的信息管理技能，成为你知道自己有能力成为的那个人。你将更充分地理解"知识就是力量"这句话,而你在这两方面都很富足。

练习二:以自己为蓝图画一幅思维导图

下一页是空白页,中间画了一个人的轮廓。这幅图是通用的,你也可以根据自己的喜好对其进行个性化处理:在上面画一张脸,加上头发,涂上颜色,等等。这幅图代表了思维导图的中心主题:你现在如何看待自己,你希望将来如何看待自己,抑或两者兼而有之。你可以将两者都纳入思维导图。也许你可以画一个分支,写上"目标",上面再细分出不同的分支。你还可以画上事业和人际关系。

还记得将生活划分为七大类的那项练习吗?或许,你可以在这幅图上画上每一类的目标和理想。你可以从各个方面考虑,不要担心结构问题。放手去做吧。花15~30分钟绘制一幅关于自己的思维导图。

你完成得怎么样?这项练习对你有什么启发吗?你有没有发现自己以前没有意识到的东西?通过这项练习,有的学生发现自己不太擅长画直线,但这并不重要。画直线并不是成功的关键因素。重要的是,你发现了自己身上还有一些你尚未开发的东西——它们能帮助你在学习、工作或人际交往中有更好的表现,让你更接近自我实现。

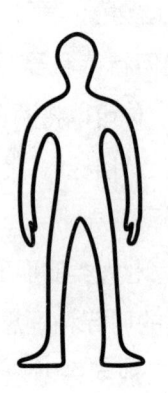

我有一位学生在做这个练习时发现，有关时间的观念不断涌现，比如"我没有足够的时间做运动。我没有足够的时间去航海。我没有足够的时间读书"。她对这一点的印象最为深刻。很明显，她需要调整自己的时间安排，花更多的时间去做自己想做的事情。

自我发现是思维导图的一个附带好处。你的思路越开阔，就越能激发出更多的想法和图像。每个词都会在你的大脑中唤起很多图像。你需要做的就是创建一个结构，让它们流动起来。一个想法可以引发另一个想法。你可能还会发现，有些事情会反复出现，从而把藏在潜意识中的东西带到意识层面。绘制关于自己的思维导图将是一次高度个性化的头脑风暴。

思维导图在小组讨论中也很有效。例如，如果你正在创办一家企业或非营利组织，思维导图可以帮助你确定它的使命、愿景和价值观。

为讲座和会议绘制思维导图

你在记笔记的时候，比如在开会或听讲座的时候，我建议你使用思维导图。笔记的左侧用来绘制各种信息，右侧用来记录线性或图形信息——比如图表、公式和特殊列表。完成后，你可以把它们合并成一张全面的思维导图，这将比你之前做的任何笔记都更完整、更连贯。

下面，我将就如何在讲座和会议中使用思维导图提供更具体的指导。

讲座

在听讲座时，我建议你用一大张白纸记笔记，这样你的大脑可以看到笔记内容的全貌。要记住，关键词和关键图基本上就是你所需的全部内容。还要记住，结构可能要到最后才会显现出来。你所做的任何笔记都可能是半成品，而不是最终稿。在你弄清楚讲座的主题之前，最初记下的几个词之间可能毫无联系。

要明白，笔记的凌乱自有它的价值。传统上，对笔记整洁性的需求源自有序、线性的组织方式。凌乱的笔记"并不整洁"，满页都是信息。很多人害怕自己面前出现一页潦草的、带箭头的、非线性的笔记。不过，凌乱的只是表象，而不是内容。

在记笔记时，最重要的是内容，而不是外观。看似整洁的笔记，信息可能杂乱无章。关键信息被蒙上了面纱，关联被割裂，中间夹杂着很多无关紧要的词。看似凌乱的笔记，从内容上看要整洁得多。它能让重要的概念和关联一目了然，甚至在某些情况下，划掉的词和反对意见也一清二楚。

用思维导图的形式记笔记，最终的呈现形式一般都很整洁，在一张新的白纸上画好一个小时所记的笔记顶多需要十分钟。把"凌乱"的思维导图重新绘制一遍极其富有成效，尤其是在学习时间安排得当的情况下。

会议

会议，尤其是需要制订规划或解决问题的会议，往往会出现这样一种局面：每个人都在听其他人的发言，但只是为了在上一个人发言结束后说出自己的观点。在很多情况下，组织召开会议的个人或团体都有议程和解决问题的明确想法。他们把大家召集在一起，只是为了达成一种虚假的共识——让参加会议的每个人都觉得自己有所贡献，而实际上并非如此。

如果会议的组织者使用思维导图并采用以下方法，就可以消除这些问题：

1. 至少在会议召开前 1~2 天，联系与会者，让他们知道会议的中心议题是什么，并让他们提前思考自己有什么想法。如果与会者为献计献策做好了准备，那么会议会更有成效。

2. 在会议室白板的中央画一幅画，以此说明会议的中心议题。

3.（可选）从中心议题出发画一些分支，写上你想讨论的子主题。

避免商务会议黑洞

我的一位学生这样形容她们公司解决问题的会议：它是"一个吞噬每个发言者的黑洞"。她表示："每个人都想表达自己的观点，仅此而已。如果有人听你发言，那是因为他想驳斥你的观点。"

真理和最好的想法往往因为自我而被迫牺牲，大量的时间被浪费。达成共识的解决方案并不总是最优的，它只是嗓门最大或级别最高的人强加给每个人的方案。

4. 展开讨论，将每位与会者的观点添加到思维导图中，并将其与中心议题或某个子主题关联起来。可以询问与会者他们的观点应该添加到哪里，或者最好让与会者走到白板前，亲自将他们的想法加到思维导图中。

将思维导图融入会议有下面这些好处：
- 每个人贡献的想法都被记录下来，不会被曲解。
- 不会遗漏或忽略任何信息。
- 与地位和个性相比，想法的优先级最高。
- 与会者的发言更切中要害，从而可以避免跑题和滔滔不绝的冗长发言。会议节奏加快，时长缩短。
- 会议结束后，每位与会者的脑海里都能存下一份会议记录。直到第二天早上，这些信息也不会丢失。提示：可以鼓励与会者用智能手机给画好的思维导图拍一张照片。
- 每个人都积极地参与到思维导图的绘制中，而不仅仅是记笔记和搜集信息。参与度得到提高后，分析和批判也更到位，大家的理解度随之提高，更不用说记忆和回忆能力的提升了。

思维导图是一张照片，呈现的是你思考内容的复杂联系。它能让你的大脑更清楚地看到自己，并大幅提高你全方位的思维能力。它将为你的生活增添技能、快乐、优雅和趣味。

在学习时绘制思维导图和记笔记

绘制思维导图和记笔记并不局限于讲座、报告和会议。在你读书和学习任何材料时，无论是学校的课程还是你自己感兴趣的知识，绘制思维导图和在文本上做标记都能极大地提高你的记忆、回忆能力和整体的理解力。你可以同时采用下面两种方法：

1. 在阅读书籍、报告、白皮书等材料时，在文本上做好标记，将其作为自己学习计划的一部分。
2. 绘制思维导图，并做好更新。

标记文本

不管你是在阅读书籍、研究报告、白皮书，还是在阅读其他学习材料，一定要做好标记。你可以采用以下任何一种或所有的标记方式：

- 高亮标记关键的记忆词，或是画下划线
- 记录由文本引发的个人思考
- 记录批判性的评论
- 给重要或值得注意的内容画上边框
- 用曲线或波浪线标注没弄清楚或较难的内容
- 用问号标记你有疑问或是觉得有问题的地方
- 用感叹号标识特别的内容
- 用个性化的符号表示你想表达的目的
- 在空白处绘制小型的思维导图

如果书不贵重，可以用不同的颜色做标记。如果书很贵重，可以用软芯铅笔做标记。如果笔芯很软，再用上软橡皮，其对书的影响小于用手指翻书造成的影响。

边读边画思维导图

你可以在开会或听讲座时绘制思维导图，同样你也可以在阅读时绘制思维导图。拿到一本书后，你可以一边浏览文本，一边在一页白纸的中央画一幅小小的图画，以此代表中心主题。然后从中心主题出发画出分支，突出你认为重要的二级主题。只要读一读书名和副标题，略读一下目录和索引，你就能清楚地了解书的主要内容，即它的中心主题。

随着阅读的深入，将细节添加到思维导图中。我在第七章介绍了超级学霸接触新内容时采用的七个步骤。从代表中心主题的中心图像开始绘制思维导图，你已经迈出了第一步。现在，你可以通过提出问题、略读全文、深挖内文和复习来充实思维导图。别忘了，在深挖内文时需要阅读与你最相关的内容和你认为最重要的内容，跳过任何你已经知道的、不相关的或不重要的内容。当进行复习时，你要重读你没弄清楚或忽略的所有内容。

致力于未来发展

本书已经进入尾声，下面总结一下书中涉及的实操要点。今后，你可以继续练习，提高你对它们的了解，让这些技巧成为你未来发展中的关键部分。

- 学习时，要经常休息，最大限度地提高首因和近因效应出现的频率，并为大脑提供将新学的内容融入已有知识的时间和空间。经常休息是提高记忆力的最佳方法之一。这样一来，信息就会有足够的时间来自我沉淀、梳理，从而变得更加完整。

- 当觉得自己理解得已经很扎实时，你可以再复习一遍。快速查看一遍，因为当你的理解力和记忆力达到顶峰时，面对所学的全部知识，你会觉得豁然开朗。这就好像再次观看你最喜欢的老电影一样，你会更加欣赏其中的细微之处，捕捉到你在第一次甚至第二次、第三次观看时忽略的细节。

- 继续激发并运用大脑皮质的全部技能。你所擅长的技能，要继续勤加使用和磨炼。你所薄弱的领域，要继续努力和加强，当然，其中包括数学。现在，你已经知道大脑天生就是一个可爱的数学天才，那就开发这些技能吧。用数学锻炼心智素养——当你发现有人使用计算器时，和他们玩个游戏，看看你能否在他们之前心算出答案。

- 继续提升逻辑能力。分析和整合周围各种来源的信息的方式对你的生存和成功至关重要。继续锻炼并提高这些技能。在读报或观看新闻节目时，保持怀疑态度。质疑信息的来源，寻找报道中的偏见，质问结论背后的逻辑。不要别人告诉你什么，就相信什么。

- 培养记忆力，这是你的巨大信息库。充分利用首因、近因和特殊性来记住和回忆关键词，并在文字和图像之间建立生动的关联。别忘了 SMASHIN' SCOPE 记忆法：

联觉/通感	编号
运动和维度	符号
联想	颜色
性	排序
幽默	积极
想象力	夸张

- 在你开启自我探索之旅后继续认识自我。继续关注你是怎样的一个人，你有哪些长处和短处，以及从现在开始，你如何从所做的每一件事中获得最佳优势，其中包括财务状况。做好现金流、净资产分析和财务规划。

- 开始写日记，这样做的目的是做好个人成长记录，创建一本有文字、有图像、有感情的个人生活记录，让左脑和右脑共同参与思考和情感表达。不要简单地记录每天做了什么或发生了什么。在日记中设定目标，记录想法和计划，用思维导图画出你的创意，做好时间规划。

- 我强烈建议你现在就在日记中为你的继续教育和终身学习制订计划。看看你周围有哪些学习中心，你可以在那里建立新的兴趣，找到新的爱好，开展新的活动。制订计划并加以执行。

- 调动并发展你的所有感官，包括视觉、听觉、嗅觉、味觉、触觉和动觉。爱护你的感觉器官，保护它们不受伤害，同时为身体提供维持其最佳健康所需的一切。在一天中，将注意力转移到不同的感官刺激上，从而强化你的感官以及大脑中与感官相连的神经网络。

- 提高阅读技巧。现在你已经知道，自己的阅读速度和理解力可以大大提高，那么请继续练习第八章介绍的快速阅读技巧。你应该把读书看成和吃早餐一样，不再两年读一本书，而是几个小时就读一本书。把这些信息提供给大脑。别忘了大脑所需的营养，比如信息、氧气、营养物质，尤其是爱和关怀。优先给大脑提供关怀和食粮。

- 尝试把所有这些技能整合在一起，可以使用你新学会的思考工具——思维导图。无论你想做什么思考，但凡需要将其外化或记笔记，就用思维导图。它不仅能让你记得更牢、创造力更加旺盛、综合思维能力更强，还能让你获得艺术和审美鉴赏力，提高所有你的思维能力。要记住，随着年龄的增长，大脑作为巨大的动力源，越用效率越高。所以，一定要善加利用它。

通过你在本计划中所付出的努力，你已经迈出了坚实的一步，开始在日常生活中运用自己所学的知识。现在，你知道自己有能力提升自我，以你从未想过的方式成长，管理信息而不是让信息左右你。

此时此刻，我通常会祝你好运，但你需要的不是运气，你需要的只是将从本书中学到的东西付诸实践。如果你能这样做，你就能掌握自己的命运。你将不再是环境、厄运或不幸的受害者。你的人生将是你的知识和创造力的产物，同时也是你大胆选择、无畏行动的产物。所以我在这里打破祝你好运的俗套，衷心祝你拥有健康、活跃的大脑和丰富、充实的人生。